まえがき

新学習指導要領の改訂により、小学校で学ぶ内容は英語なども加わり多岐にわたるようになりました。しかし、算数や国語といった教科の大切さは変わりません。

そして、算数の力を身につけるためには、学校の授業で学んだことを「くり返し学習する」ことが大切です。ただ、学校では学ぶことはたくさんあるけれど、学習時間は限られているため、家庭での取り組みが一層大切になってきます。

ロングセラーをさらに使いやすく

本書「陰山ドリル　初級算数」は、算数の基礎基本が身につくドリルです。

長年、小学生や保護者の皆さんに支持されてきました。それは、「家庭」で「くり返し」、「取り組みやすい」よう工夫されているからです。

今回、指導要領の改訂に合わせ、内容の更新を行うとともに、さらに新しい工夫を加えています。

陰山ドリル初級算数のポイント

・図などを用いた「わかりやすい説明」

・「なぞり書き」で学習をサポート

・大切な単元には理解度がわかる「まとめ」つき

つまずきを少なくすることで「算数の苦手意識」をなくし、できたという「達成感」が得られるようになります。

本書が、お子様の学力育成の一助になれば幸いです。

陰山英男・桝谷雄三

もくじ

月　日

大きな数 (1)

名前

1 次の数を、位（くらい）のわくに合わせてかきましょう。かいたら大きな位（左）から読みましょう。（数は右から4けたに区切ってからかくとかきやすいです。）

① 45793　② 25307　③ 40605

①					
②					
③					
	万の位	千の位	百の位	十の位	一の位

2 次の数を、位のわくに合わせてかきましょう。かいたら読みましょう。

① 572986　② 8457139

③ 3506809　④ 12658704

①								
②								
③								
④								
	千万の位	百万の位	十万の位	一万の位	千の位	百の位	十の位	一の位

月　　日

大きな数 (2)

名前

数は、4けたごとに読み方が大きく変わります。

一、十、百、千の次は、一万、十万、百万、千万となり、その次は、一億、十億、百億、千億となります。その上も、一兆、十兆、百兆、千兆となります。

4けたごとに一、十、百、千がくり返されています。

1 大きな数をわくに写すときは、右から4けたごとに印をつけるとかきやすいです。読むときは大きな位（左）から読みます。次の数を、位のわくに合わせてかいてから読みましょう。

① 86900758234

② 345026795801

①												
②												
	千	百	十	一	千	百	十	一	千	百	十	一
				億				万				

2 次の数を、位のわくに合わせてかいてから読みましょう。

① 31647200389645

② 664018329753125

①															
②															
	百	十	一	千	百	十	一	千	百	十	一	千	百	十	一
			兆				億				万				

月　　日

大きな数 (3)

名前

（例）　3527983980７4025

3	5	2	7	9	8	3	9	8	0	7	4	0	2	5
百	十	一	千	百	十	一	千	百	十	一	千	百	十	一
		兆				億				万				

読み方（三百五十二兆七千九百八十三億九千八百七万四千二十五）

✿ 次の数の読み方を、例の読み方のようにかきましょう。

① 649724901385

読み方

（　　　　　　　　　　　　　　　　　　　　）

② 923281475163

読み方

（　　　　　　　　　　　　　　　　　　　　）

③ 427898600001235

読み方

（　　　　　　　　　　　　　　　　　　　　）

④ 987543032500000

読み方

（　　　　　　　　　　　　　　　　　　　　）

月　　日

大きな数 (4)

名前

〈例(れい)〉 四百五兆(ちょう)五百二十六億(おく)

405兆　0526億

4	0	5	0	5	2	6	0	0	0	0	0	0	0	0
百	十	一	千	百	十	一	千	百	十	一	千	百	十	一
		兆				億				万				

※数字がない位(くらい)には、0をかきます。

→405052600000000

✿ 次の数を、数字でかきましょう。

① 三十億

(　　　　　　　　　　　　　　)

② 二千八百億七百三十万

(　　　　　　　　　　　　　　)

③ 五百三十九兆五百三十四億三百九十万

(　　　　　　　　　　　　　　)

月　日

大きな数 (5)

名前

整数を10倍するごとに、数字の位は、1けたずつ上がります。（10倍するとは、10をかけることと同じ。）

100倍すると、数字の位は、2けた上がり、1000倍すると、3けた上がります。

百	十	一兆	千	百	十	一億
				4	7	0
			4	7	0	0
		4	7	0	0	0
	4	7	0	0	0	0

10倍　10倍　10倍　100倍　1000倍

✿ 次の数をかきましょう。

・5億×10億＝50億

① 32億の10倍 (　　　　　)

② 546億の10倍 (　　　　　)

③ 307億×10 (　　　　　)

④ 5000万×10 (　　　　　)

⑤ 4兆の100倍 (　　　　　)

⑥ 378億の1000倍 (　　　　　)

月　日

大きな数 (6)

名前

整数を$\frac{1}{10}$にすると、数字の位（くらい）は、1けたずつ下がります。（$\frac{1}{10}$にするとは、10でわることと同じこと。）

$\frac{1}{100}$すると、数字の位は、2けた下がり、$\frac{1}{1000}$すると、3けた下がります。

一兆	千	百	十	一億
3	8	0	0	0
	3	8	0	0
		3	8	0
			3	8

$\frac{1}{10}$　$\frac{1}{10}$　$\frac{1}{10}$　$\frac{1}{100}$　$\frac{1}{1000}$

✿ 次の数をかきましょう。

・20億（おく）÷10＝2億

① 400万の$\frac{1}{10}$　（　　　　　　）

② 250兆（ちょう）の$\frac{1}{10}$　（　　　　　　）

③ 3億÷10　（　　　　　　）

④ 600億の$\frac{1}{100}$　（　　　　　　）

⑤ 5800兆の$\frac{1}{1000}$　（　　　　　　）

⑥ 203億÷100　（　　　　　　）

月　日

大きな数 まとめ

名前

1 次の数を、漢字でかきましょう。 (各10点)

① 54321569851 2000

(　　　　　　　　　　)

② 74672147591 28541

(　　　　　　　　　　)

2 次の数を、数字でかきましょう。 (各10点)

① 三百二十七兆六千五億四千七百二十五万

(　　　　　　　　　　)

② 六千七百八十九兆二千三百四十五億九千七百五十三

(　　　　　　　　　　)

3 次の数をかきましょう。 (各10点)

① 222億の1000倍 (　　　　)

② 7兆の100倍 (　　　　)

③ 43億9000万の1000倍 (　　　　)

4 次の数をかきましょう。 (各10点)

① 300億の$\frac{1}{100}$ (　　　　)

② 4700兆の$\frac{1}{100}$ (　　　　)

③ 2兆÷100 (　　　　)

点

わり算（÷1けた）(1)

月　　日

名前

✿ 次のわり算を筆算でしましょう。

（例(れい)）94÷2

	①4	⑤7
2	)9	4
	②8	↓
	③1	④4
	⑥1	4
		⑦0

十の位(くらい)

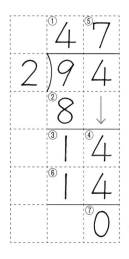

① たてる　4をたてる
② かける　2×4＝8
③ ひく　9－8＝1
④ おろす　4をおろす

一の位

⑤ たてる　14÷2＝7
⑥ かける　2×7＝14
⑦ ひく　14－14＝0

① 64÷4

② 98÷7

③ 87÷3

わり算（÷1 けた）(2)

月　日

名前

✿ 次のわり算を筆算でしましょう。

（例）711÷9

		①7	⑤9
9	)7	1	1
	②6	3	↓
		③8	④1
		⑥8	1
			⑦0

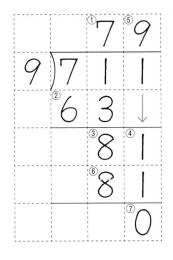

十の位
① たてる　71÷9＝7 あまり 8
② かける　9×7＝63
③ ひく　71−63＝8
④ おろす　1をおろす

一の位
⑤ たてる　81÷9－9
⑥ かける　9×9＝81
⑦ ひく　81−81＝0

① 384÷6

② 792÷8

③ 294÷3

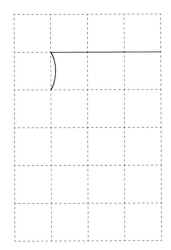

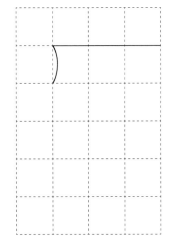

わり算（÷1 けた）(3)

名前

✿ 次のわり算を筆算でしましょう。

（例）935÷4

	①2	⑤3	⑨3
4	)9	3	5
	②8	↓	↓
	③1	④3	
	⑥1	2	
		⑦1	⑧5
		⑩1	2
			⑪3

百の位
① たてる　9÷4＝2 あまり 1
② かける　4×2＝8
③ ひく　9－8＝1
④ おろす　3をおろす

十の位
⑤ たてる　13÷4＝3 あまり 1
⑥ かける　4×3＝12
⑦ ひく　13－12＝1
⑧ おろす　5をおろす

一の位
⑨ たてる　15÷4＝3 あまり 3
⑩ かける　4×3＝12
⑪ ひく　15－12＝3

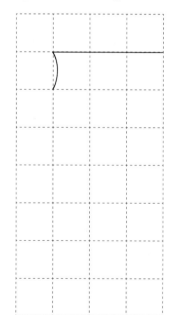

① 433÷3

② 879÷5

③ 965÷2

わり算（÷1 けた）(4)

月　日

名前

✿ 次のわり算を筆算でしましょう。

① 835÷4

	2	0	8
4	)8	3	5
	8		
		3	
		0	
		3	5
		3	2
			3

※0をわすれないように

なれたら省いてもよい

② 614÷3

③ 534÷5

④ 617÷2

⑤ 719÷7

⑥ 650÷6

わり算（÷1 けた）(5)

月　　日

名前

✿ 次のわり算を筆算でしましょう。

① 915÷7

	1	3	0
7)	9	1	5
	7		
	2	1	
	2	1	
			5
			0
			5

※0をわすれないように

なれたら省いてもよい

② 653÷5

③ 965÷8

④ 962÷3

⑤ 843÷4

⑥ 681÷2

わり算（÷1けた）(6)

月　日

名前

✿ 次のわり算を筆算でしましょう。

① 623÷8

		7	7
8	6	2	3
	5	6	
		6	3
		5	6
			7

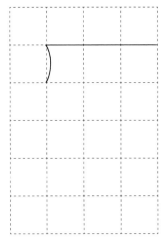

※百の位には商がたちません

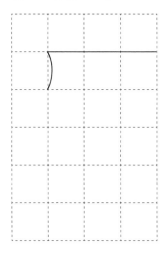

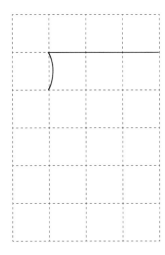

② 302÷7

③ 420÷9

④ 333÷5

⑤ 390÷4

⑥ 525÷6

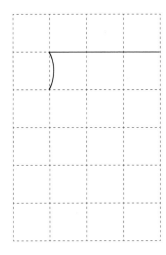

月　日

わり算(÷1 けた) まとめ

名前

✿ 次のわり算を筆算でしましょう。あまりがでる式もあります。

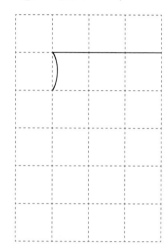

(①②各10点、③～⑥各20点)

① 344÷4

② 609÷7

③ 297÷5

④ 463÷6

⑤ 851÷8

⑥ 917÷3

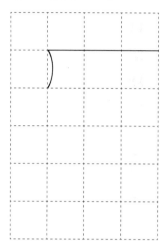

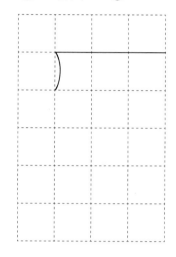

点

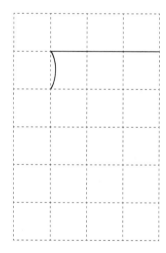

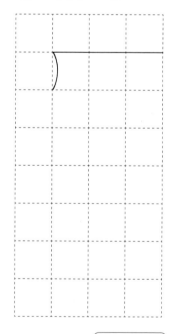

小 数 (1)

月　日

名前

1 □に数を入れましょう。

① 3.14

1 を□こ
0.1 を□こ
0.01を□こ
} 集めた数

② 4.19

1 を□こ
0.1 を□こ
0.01を□こ
} 集めた数

③ 6.87

□を6こ
□を8こ
□を7こ
} 集めた数

④ 1.07

□を1こ
□を0こ
□を7こ
} 集めた数

2 65.284について考えましょう。

① 10 を□こ
② 1 を□こ
③ 0.1 を□こ
④ 0.01を□こ
⑤ 0.001 を□こ
} 集めた数

月　日

小　数 (2)

名前

✿ 次の計算をしましょう。

① 2.63＋3.07

	2.	6	3
＋	3.	0	7
	5.	7	0

小数点以下の右はしの0は線で消します

② 5.42＋3.28

＋			

③ 4.508＋5.2

	4.	5	0	8
＋	5.	2		
	9.	7	0	8

位（くらい）をそろえてかきます

④ 3.1＋2.094

＋				

⑤ 1.528＋3.242

＋				

⑥ 3.04＋2.085

＋				

⑦ 3＋1.735

＋				

⑧ 0.029＋8

＋				

月　　日

名前

小　数 (3)

次の計算をしましょう。

① 9.45−3.45

	9.	4	5
−	3.	4	5
	6.	0	0

小数点以下の右はしの0は線で消します

② 6.3−6.1

	6.	3
−	6.	1
	0.	2

小数点があるときは、一の位に0をのこします

③ 9 −2.65

	9.	0	0
−	2.	6	5
	6.	3	5

位をそろえてかきます

④ 6 −4.308

−				

⑤ 3.785−1.254

−				

⑥ 6.273−2.193

−				

⑦ 5.8−2.371

−				

⑧ 4.652−3.4

−				

月　　日

小数 まとめ

名前

1 次の計算をしましょう。

（①②各10点、③④各15点）

①

	0.	4	3	5
＋	2.	2	6	5

②

	2.	7		
＋	0.	5	7	3

③ 11.04＋4.96

④ 17＋7.96

2 次の計算をしましょう。

（①②各10点、③④各15点）

①

	7.	4	
−	3.	8	6

②

	2	5		
−		0.	7	8

③ 41.8−0.86

④ 7−0.093

点

分　数 (1)

月　　日

名前

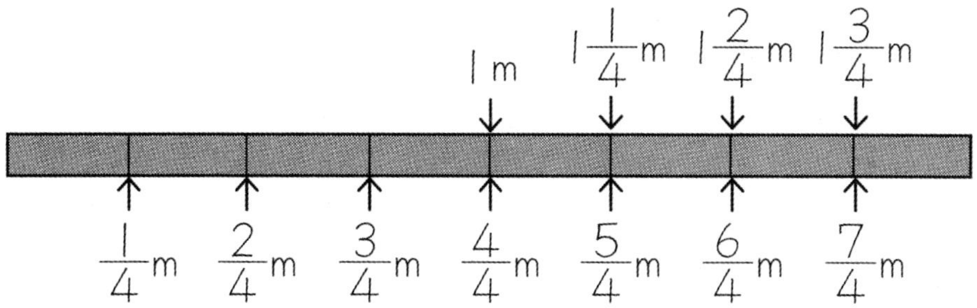

真分数……$\frac{1}{3}$、$\frac{2}{5}$、$\frac{7}{8}$のように、分子が分母より小さい分数。

仮分数(かぶんすう)……$\frac{4}{4}$、$\frac{5}{4}$、$\frac{9}{7}$のように、分子と分母が同じか分子が大きい分数。

帯分数(たいぶんすう)……$1\frac{1}{4}$、$2\frac{3}{5}$のように、整数と真分数の和で表されている分数。

✿　↑㋐、㋑がさしている分数を、仮分数と帯分数でかきましょう。

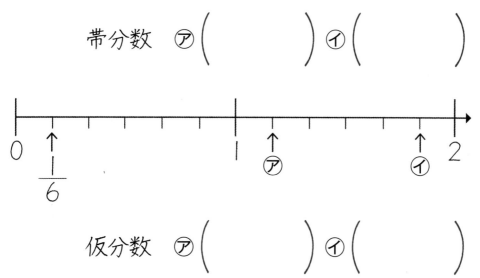

帯分数　㋐（　　　　）㋑（　　　　）

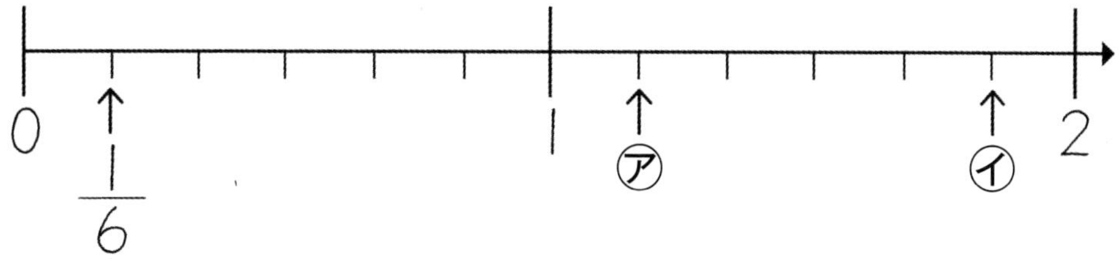

仮分数　㋐（　　　　）㋑（　　　　）

分　数 (2)

名前

1 仮分数を帯分数になおしましょう。
※分母の数は変わりません。

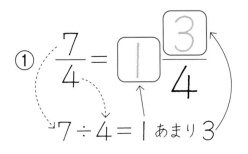

① $\frac{7}{4} = \boxed{1}\frac{\boxed{3}}{4}$

$7 \div 4 = 1$ あまり 3

② $\frac{11}{8} = \square\frac{\square}{8}$

③ $\frac{9}{5} = \square\frac{\square}{5}$

④ $\frac{13}{6} = \square\frac{\square}{6}$

2 帯分数を仮分数になおしましょう。
※分母の数は変わりません。

① $1\frac{2}{5} = \frac{\boxed{7}}{5}$

$5 \times 1 + 2 = 7$

② $1\frac{2}{7} = \frac{\square}{7}$

③ $2\frac{3}{4} = \frac{\square}{4}$

④ $2\frac{5}{6} = \frac{\square}{6}$

分　数 (3)

名前

$\frac{4}{5}+\frac{3}{5}$ を考えます。

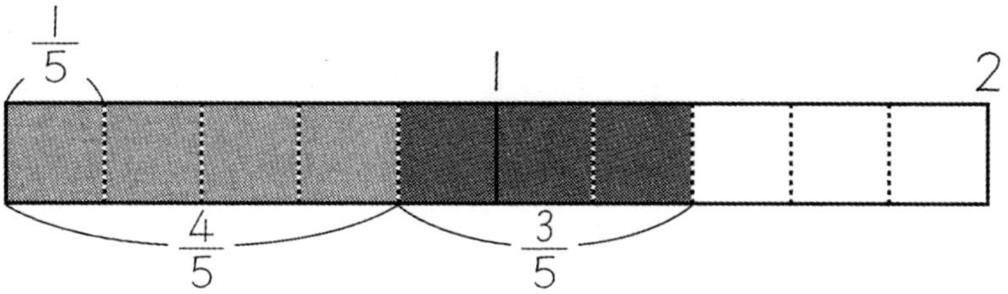

計算をしましょう。

$$\frac{4}{5}+\frac{3}{5}=\frac{7}{5}$$

㋑ 4＋3

㋐ そのまま

> 分母が同じ分数のたし算は、
> ㋐　分母はそのまま。
> ㋑　分子をたし算する。
> 　　(4＋3＝7)

✿　次の計算をしましょう。(答えは仮分数のまま)

① $\frac{2}{3}+\frac{2}{3}=\frac{4}{3}$

② $\frac{5}{7}+\frac{6}{7}=$

③ $\frac{2}{5}+\frac{4}{5}=$

④ $\frac{7}{9}+\frac{8}{9}=$

⑤ $\frac{2}{4}+\frac{3}{4}=$

⑥ $\frac{4}{8}+\frac{7}{8}=$

⑦ $\frac{4}{7}+\frac{5}{7}=$

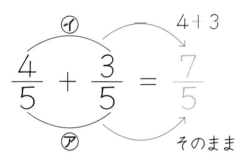

⑧ $\frac{5}{9}+\frac{8}{9}=$

分　数 (4)

名前

$\frac{7}{5}-\frac{3}{5}$ を考えます。

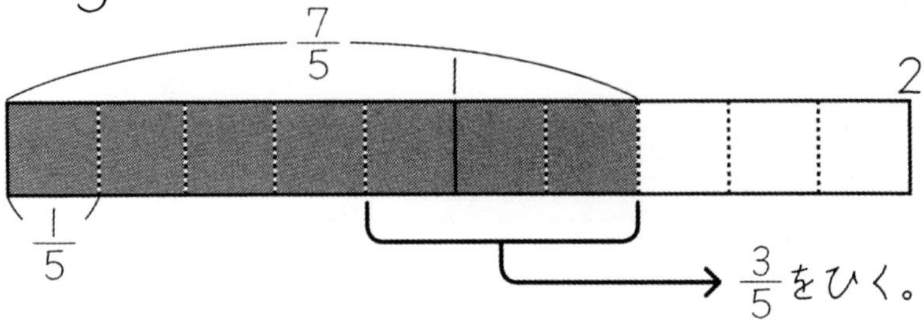

計算をしましょう。

㋑　7－3

$$\frac{7}{5}-\frac{3}{5}=\frac{4}{5}$$

㋐

分母が同じ分数のひき算は、
㋐　**分母はそのまま。**
㋑　**分子をひき算する。**
（7－3＝4）

✿　次の計算をしましょう。

① $\frac{9}{4}-\frac{6}{4}=$

② $\frac{11}{8}-\frac{6}{8}=$

③ $\frac{12}{7}-\frac{8}{7}=$

④ $\frac{14}{9}-\frac{7}{9}=$

⑤ $\frac{8}{5}-\frac{4}{5}=$

⑥ $\frac{6}{4}-\frac{3}{4}=$

⑦ $\frac{9}{6}-\frac{4}{6}=$

⑧ $\frac{9}{7}-\frac{3}{7}=$

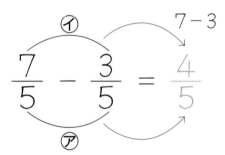

分　数 (5)

名前

1 図を見て、$\frac{1}{3}$と等しい分数をかきましょう。

$$\frac{1}{3} = \frac{\square}{\square} = \frac{\square}{\square} = \frac{\square}{\square}$$

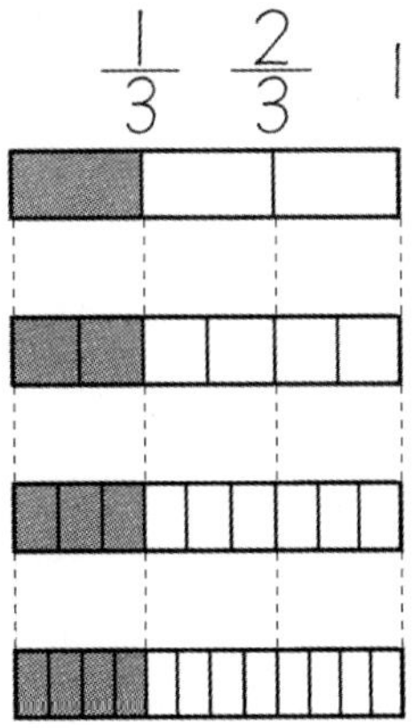

2 等しい分数をかきましょう。

① $\frac{1}{4} = \frac{\square}{8} = \frac{\square}{12} = \frac{\square}{16} = \frac{\square}{20}$　（×2　×2）

② $\frac{3}{4} = \frac{6}{\square} = \frac{9}{\square} = \frac{12}{\square} = \frac{15}{\square}$

③ $\frac{2}{5} = \frac{4}{\square} = \frac{6}{\square} = \frac{\square}{20} = \frac{10}{\square}$

④ $\frac{5}{6} = \frac{\square}{12} = \frac{15}{\square} = \frac{\square}{24} = \frac{25}{\square}$

月　日

分数 まとめ

名前

✿ 計算をしましょう。仮分数(かぶんすう)の答えは帯(たい)分数にしましょう。

（1つ10点）

① $\frac{4}{5}+\frac{4}{5}=\frac{8}{5}$

$=1\frac{3}{5}$

② $\frac{6}{7}+\frac{5}{7}=$

$=$

③ $\frac{5}{11}+\frac{9}{11}=$

$=$

④ $\frac{11}{13}+\frac{5}{13}=$

$=$

⑤ $\frac{5}{9}+\frac{8}{9}=$

$=$

⑥ $1\frac{1}{3}-\frac{2}{3}=\frac{4}{3}-\frac{2}{3}$

$=$

⑦ $1\frac{1}{5}-\frac{4}{5}=$

$=$

⑧ $1\frac{2}{7}-\frac{4}{7}=$

$=$

⑨ $1\frac{5}{9}-\frac{7}{9}=$

$=$

⑩ $1\frac{5}{11}-\frac{8}{11}=$

$=$

点

がい数 (1)

月　日

名前

✿ 四捨五入(ししゃごにゅう)して、**百の位(くらい)までの**がい数にしましょう。

① 1893

約 1900

- 1893 ・百の位の数字の上に○。
- 1893 ・1つ下の位の数字を□でかこむ。
- 1893 ・□の数字を四捨五入。

② 856

③ 735

④ 6580

⑤ 7131

⑥ 7315

⑦ 5662

⑧ 5079

⑨ 7025

がい数 (2)

月　日

名前

1 四捨五入して、**千の位までの**がい数にしましょう。

① 12615

約 13000

- 12615・千の位の数字の上に○。
- 12615・1つ下の位の数字を□でかこむ。
- 12615・□の数字を四捨五入。

② 2106

③ 3772

④ 42865

⑤ 30459

2 四捨五入して、**一万の位までの**がい数にしましょう。

① 73892

② 68087

③ 253948

④ 597205

がい数 (3)

月　　日

名前

1 四捨五入して、**上から2けた**のがい数にしましょう。

① 8491

約 8500

- 8491・上（左）から2つ目の数字に○。
- 8491・1つ下の位の数字に□。（上から3つ目）
- 8491・□の数字を四捨五入。

② 3562

③ 8249

④ 7693

⑤ 5437

⑥ 37856

⑦ 22875

2 四捨五入して、**上から3けた**のがい数にしましょう。

① 45681

② 32436

③ 275296

④ 692795

月　日

がい数 (4)

名前

1 図を見て答えましょう。

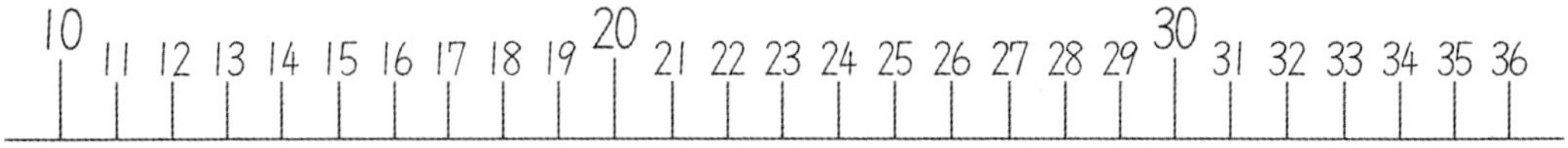

① 一の位を四捨五入して20になる数に○をつけましょう。

② ①の数をまとめていうと、次のようになります。（　）に数を入れましょう。

（　　　）以上、（　　　）未満の数

③ 25は、四捨五入して20になりますか。

（　　　　　）

2 一の位を四捨五入して30になる数をかきましょう。

（　　　）以上、（　　　）未満の数

3 次の数のうち、百の位を四捨五入して15000になる数を○でかこみましょう。

15000　　15253　　15499　　15500

14000　　14499　　14500　　14999

がい数 (5)

名前

1 次のうち、がい数で表してもよいものには、○をつけましょう。

(　　) ① 学級で休んだ人の数を、ほけん室に知らせるとき。

(　　) ② 全国で、2月にかぜで休んだ小学生の人数を新聞で知らせるとき。

(　　) ③ 100m走のタイム。

(　　) ④ ある市の10年間の人口の変化(へんか)をグラフに表すとき。

(　　) ⑤ 遠足のしおりにかく、学校から目的地(もくてきち)までかかるおおよその時間。

(　　) ⑥ 店の商品のねだん。

2 いろいろな数をグラフに表すとき、がい数にする場合が多いです。下の表の学校数を四捨五入して、千の位までのがい数にしましょう。

(文科省　2017)

	学校数(校)	が　い　数
小　学　校	20095	①
中　学　校	10325	②
高等学校	4907	③

がい数 (6)

名前

1 次の表は、30年ごとの日本の人口です。
それぞれの年の人口を四捨五入(ししゃごにゅう)して、百万の位(くらい)までのがい数で表しましょう。

	年　代	人口（人）	がい数
①	1902年（明治(めいじ)35年）	44964000	万人
②	1932年（昭和７年）	66434000	万人
③	1962年（〃 37年）	95181000	万人
④	1992年（平成(へいせい)４年）	124567000	万人
⑤	2015年（平成27年）	127095000	万人

2 次の表は、テレビ放送局の数の表です。
それぞれの年の局の数を四捨五入して上から２けたのがい数で表しましょう。

	年　代	テレビ放送局の数（局）	がい数
①	1952年（昭和27年）	1	局
②	1962年（〃 37年）	330	局
③	1972年（〃 47年）	4748	局
④	1982年（〃 57年）	12354	局
⑤	1992年（平成４年）	14217	局
⑥	2002年（〃 14年）	15084	局

月　日

見積もり (1)

名前

✿ 「シャンプーとリンスとティッシュペーパーを買ってきて」と、お母さんから1000円あずかりました。シャンプーとリンスは決まっています。どちらのティッシュペーパーが買えるか考えます。

シャンプー　リンス　㋐　㋑

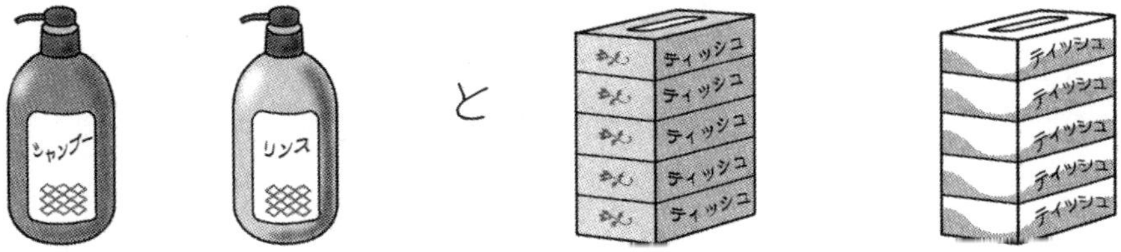

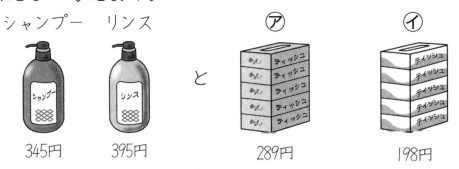

345円　395円　289円　198円

① 十の位を切り上げて見積もります。

シャンプー　345円⟶400円
リンス　395円⟶400円
合計　800円

ティッシュペーパーは、㋐、㋑どちらが買えそうですか。
(　　　)

② ㋐のティッシュペーパーを買うとすると、全部で1029円

$$345 + 395 + 289 = 1029$$

になって、買えません。㋑は、本当に買えるでしょうか。シャンプー、リンス、㋑のティッシュペーパーの合計を計算し、買えるかどうか答えましょう。

式

答え ________

月　　日

見積もり (2)

名前

1　子ども会のパーティ用おかしの予算は、9120円です。子ども会の会員は48人です。1人分およそ何円のおかしを用意できますか。

① 予算9120円を9000円、人数48人を50人として、1人分がおよそ何円か見積(みつ)もりましょう。

式

答え　約　　　　円

② 見積もりをしないで計算した場合はいくらになりますか。

式

答え

2　子ども会でバスハイキングに行くことになりました。
　かし切りバスの代金は58800円で、参加者(さんかしゃ)は42人です。代金を60000円、参加者を40として、1人分は、およそ何円になるか見積もりましょう。

式

答え

見積もり (3)

月　日

名前

1 次の積を見積もりましょう。

上から1けたのがい数にしてから、計算しましょう。

① 49×61

50×60＝

見積もり（　　　　）

② 48×39

見積もり（　　　　）

③ 42×89

見積もり（　　　　）

④ 379×28

見積もり（　　　　）

⑤ 991×82

見積もり（　　　　）

⑥ 1099×503

見積もり（　　　　）

2 次の商を見積もりましょう。

上から1けたのがい数にしてから、計算しましょう。

① 589÷21

見積もり（　　　　）

② 2112÷48

見積もり（　　　　）

20)600

角の大きさ (1)

名前　　　　　　月　　日

１つの点を通る２本の直線が作る形を **角** といいます。
角を作る直線を**辺**、かどの点を**ちょう点** といいます。

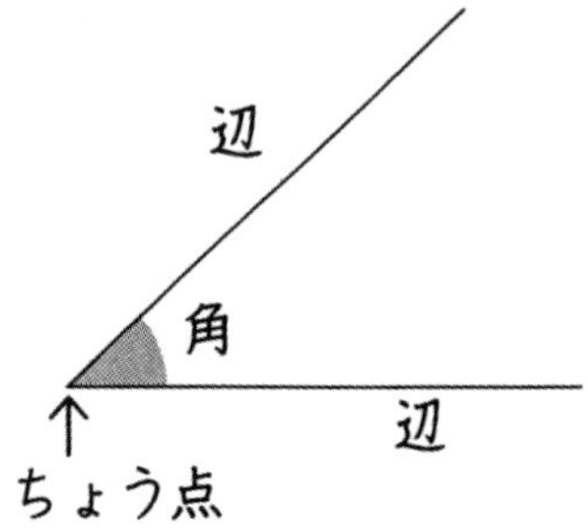

1 角の大きさをくらべましょう。大きい方の角の記号をかきましょう。

①

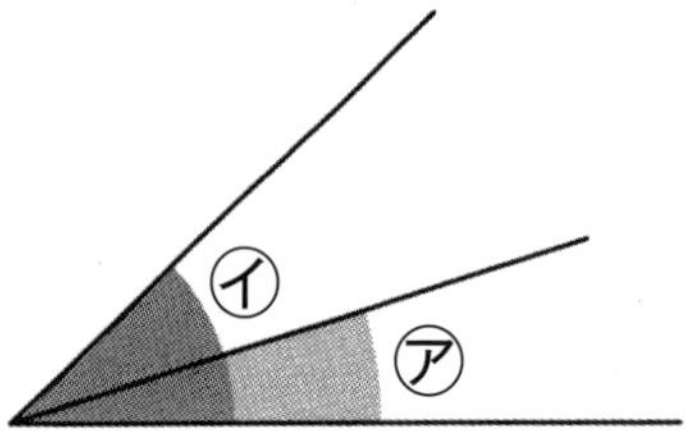

（　　　　）

②

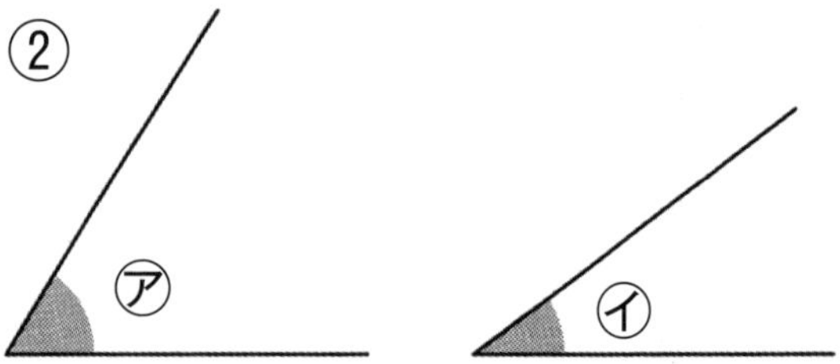

（　　　　）

辺の開き具合を **角の大きさ** といいます。
角の大きさと辺の長さは関係ありません。

2 角の大きい順に、記号をかきましょう。

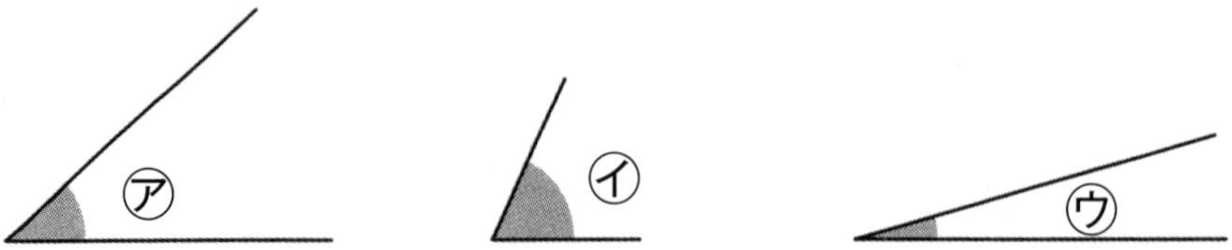

（　　　　→　　　　→　　　　）

月　　日

角の大きさ (2)

名前

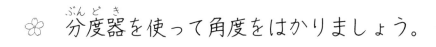

☆ 分度器（ぶんどき）を使って角度をはかりましょう。

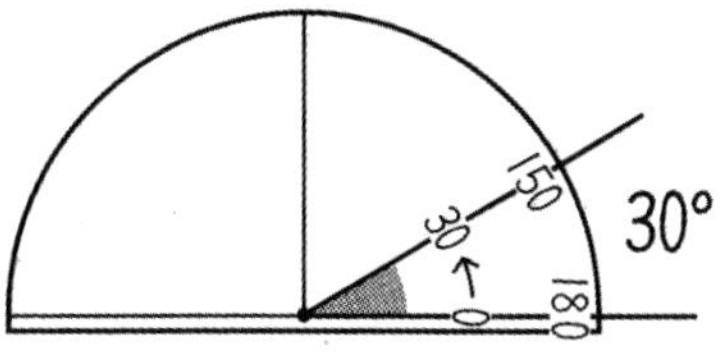

① 分度器の中心をちょう点にあわせる。

② 0°の線を１つの辺に重ねる。

③ 「0」の方からの角度を読む。

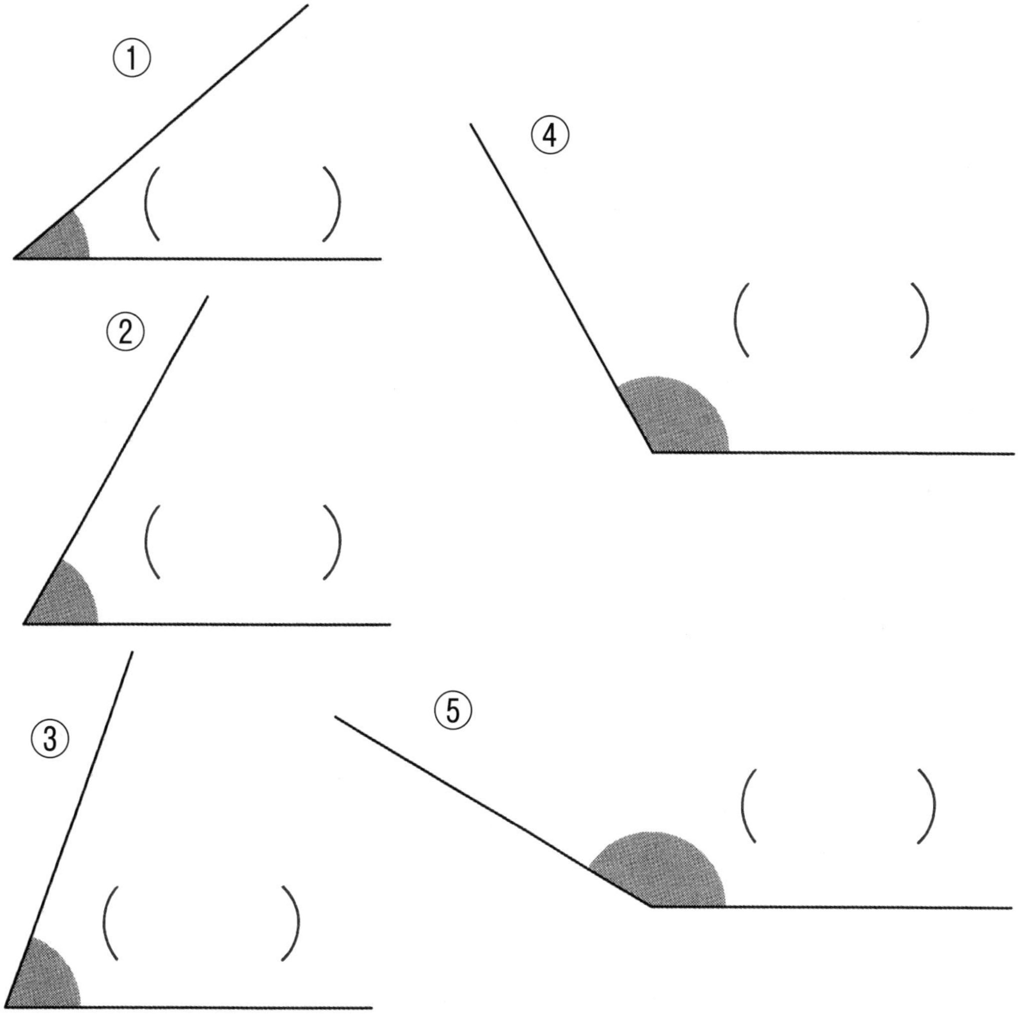

角の大きさ (3)

名前

✿ 分度器を使って角度をはかりましょう。

・ 辺(へん)が短いときは、辺をのばしてからはかる。

・「0」の方から角度を読む。

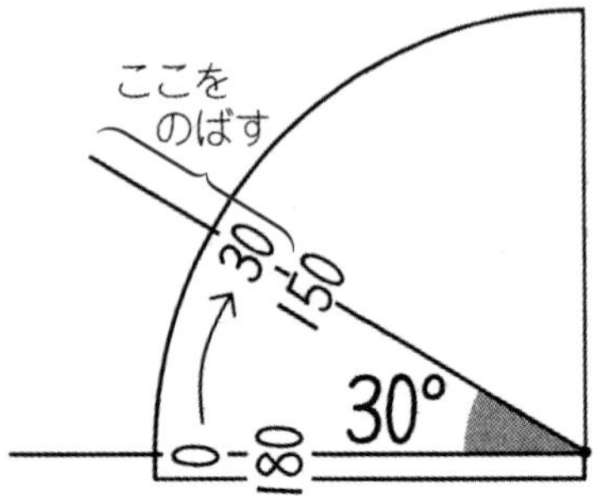

①

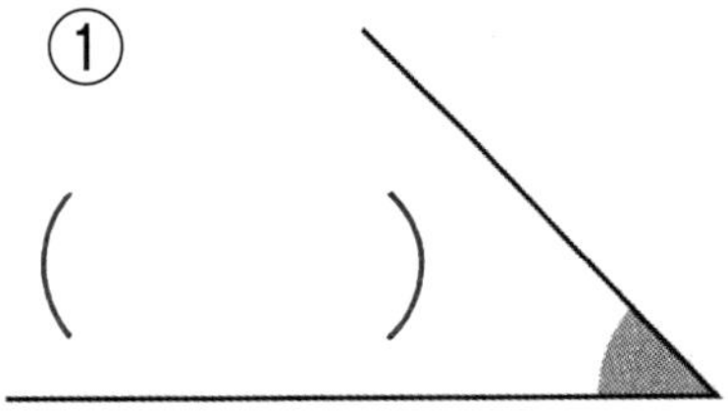

（　　　）

④

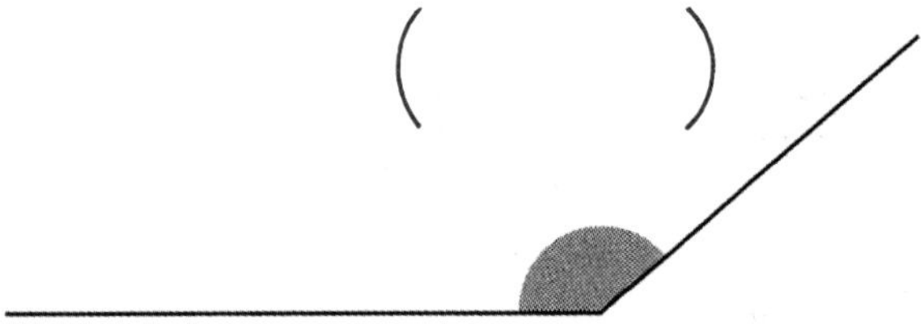

（　　　）

②

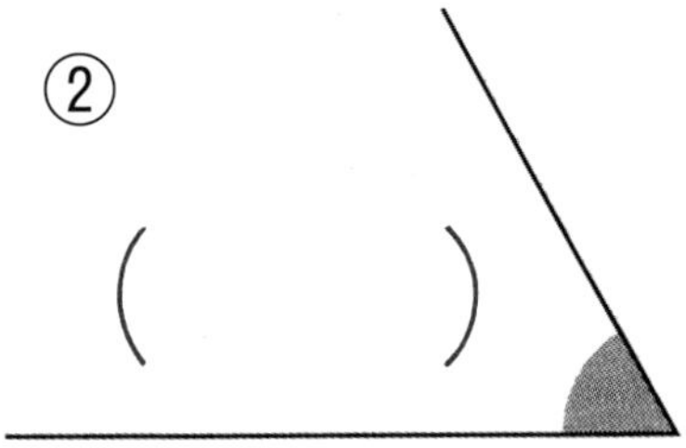

（　　　）

⑤

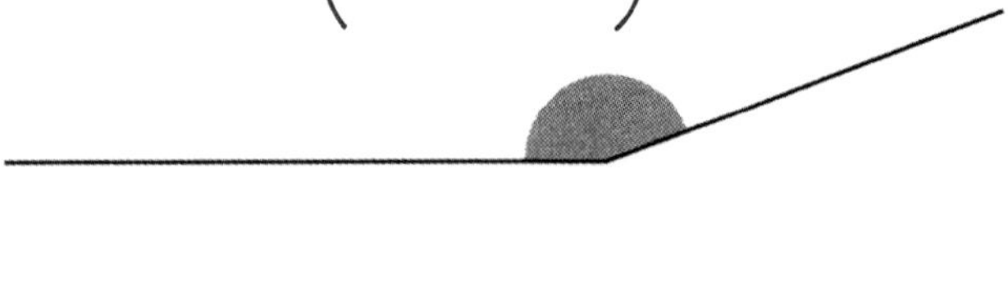

（　　　）

③

（　　　）

月　日

角の大きさ (4)

名前

✿ 次の角度は何度ですか。

①

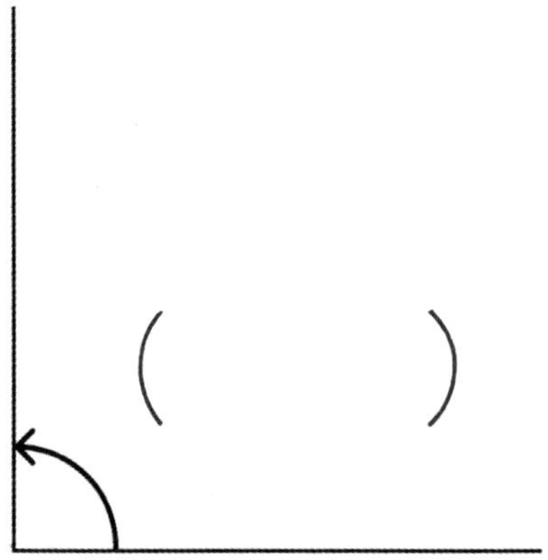

（　　　　）

② 直角は、（　　　　）。

③

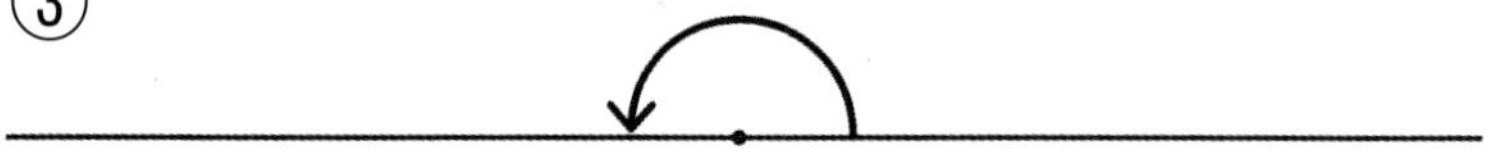

（　　　　）

④ 半回転の角度は、（　　　　）。二直角。

⑤ 1回転の角度は、（　　　　）。四直角。

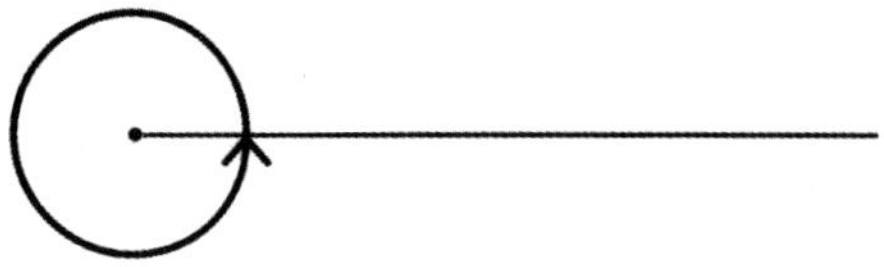

角の大きさ (5)

月　　日　名前

20°の角のかき方

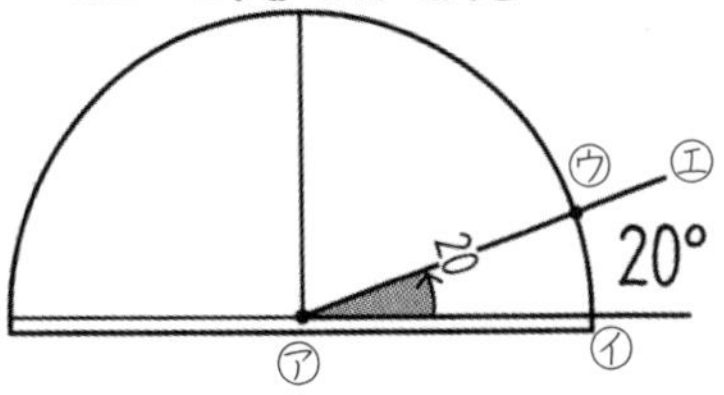

㋐　分度器の中心を線のはしにおいて、
㋑　0°の線を線にあわせる。
㋒　20°のめもりの所に点（・）をうつ。
㋓　点と角のちょう点を通る直線をひく。

✿　次の角をかきましょう。

①

②

③

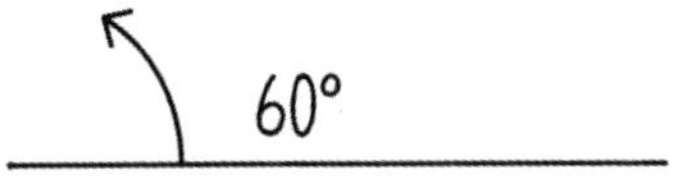

④

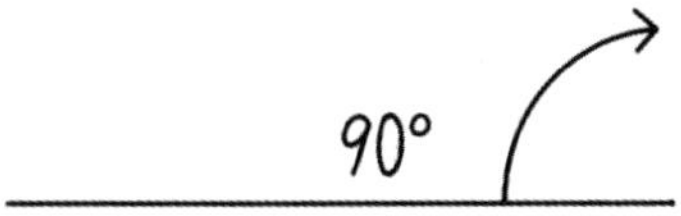

⑤

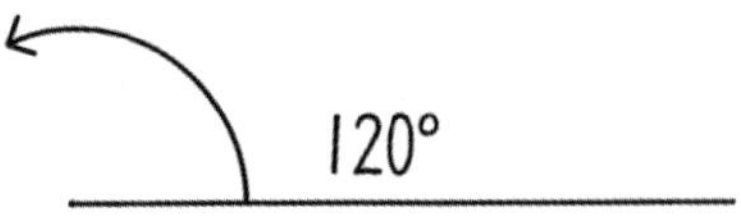

月　　日

角の大きさ (6)

名前

✿ 次の三角じょうぎの角度をかきましょう。

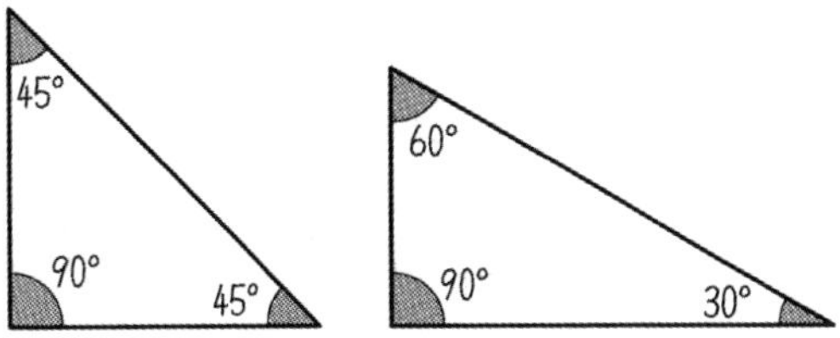

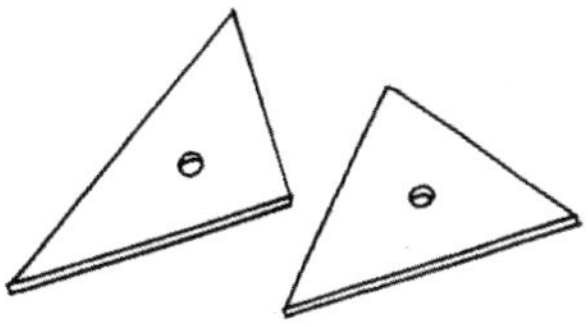

① (　　)

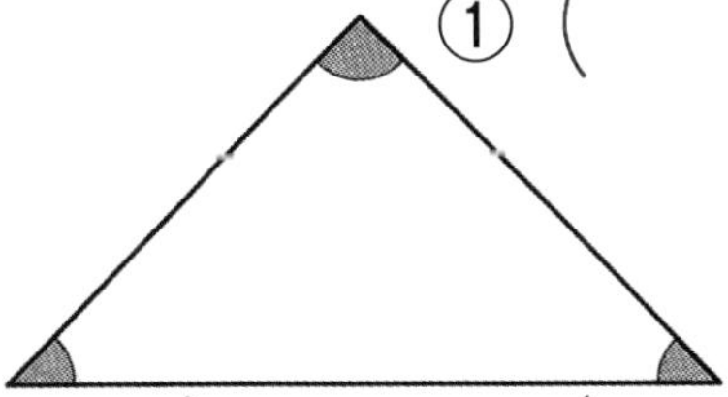

② (　　)　③ (　　)

④ (　　)

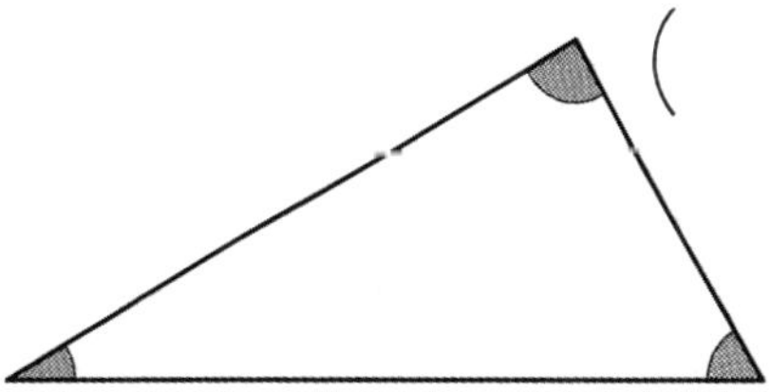

⑤ (　　)　⑥ (　　)

⑧ (　　)　⑦ (　　)

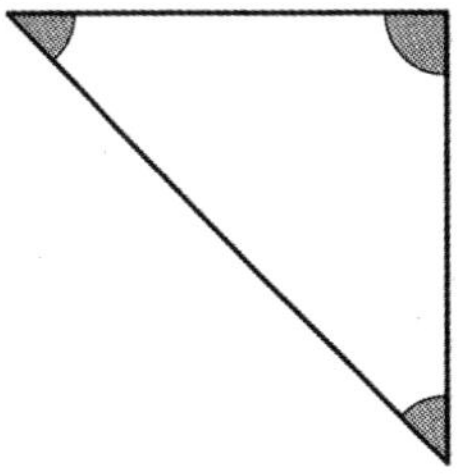

⑨ (　　)

⑪ (　　)　⑩ (　　)

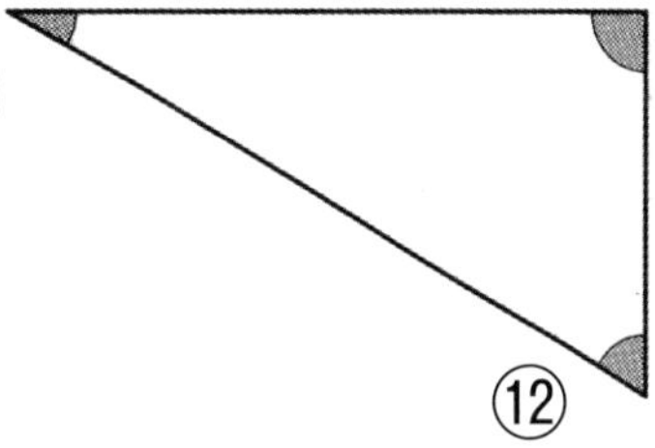

⑫ (　　)

⑬ (　　)

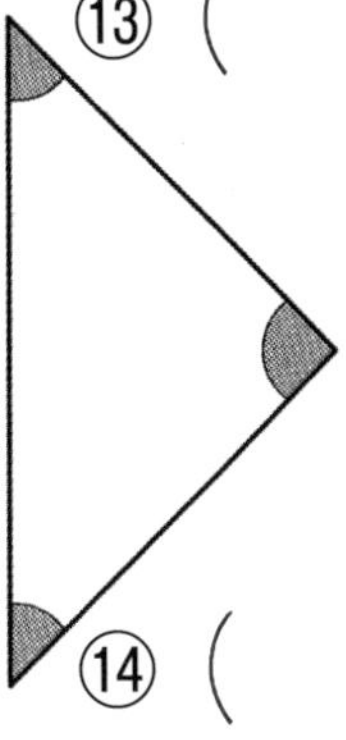

⑮ (　　)

⑭ (　　)

⑯ (　　)

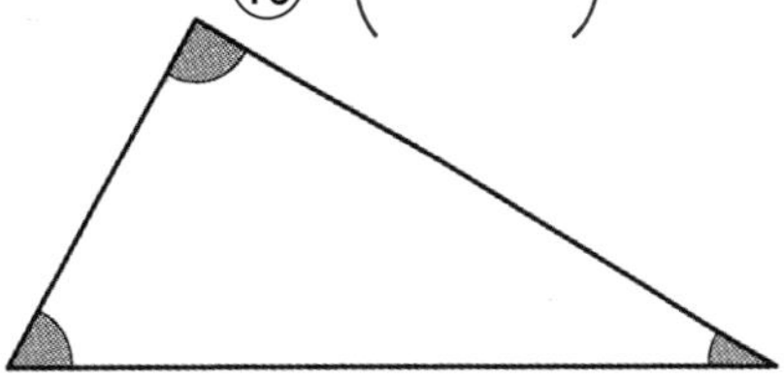

⑰ (　　)　⑱ (　　)

角の大きさ (7)

月　　日

名前

✿ 三角じょうぎでできる次の角度は何度ですか。

①

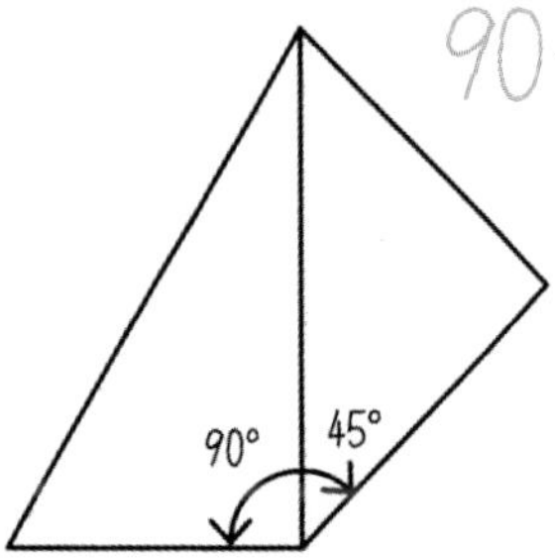

式

90＋45＝135

（ 135° ）

②

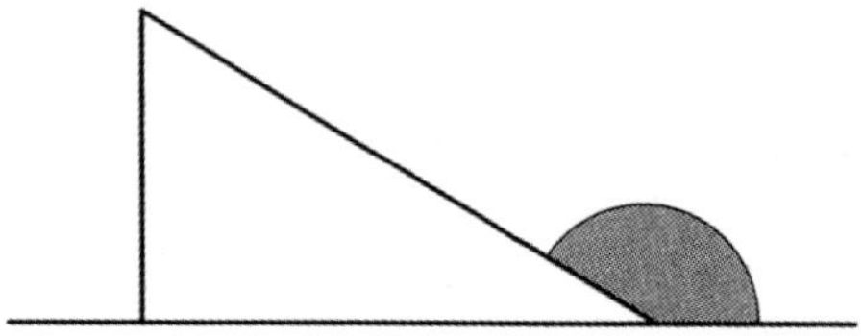

式

180－　　＝

（　　　）

③

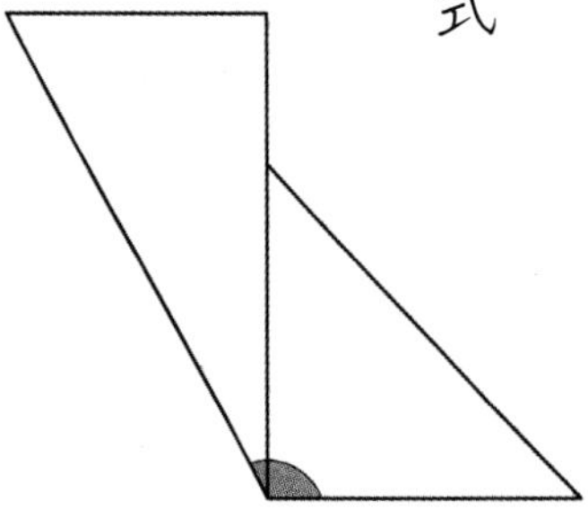

式

（　　　）

④

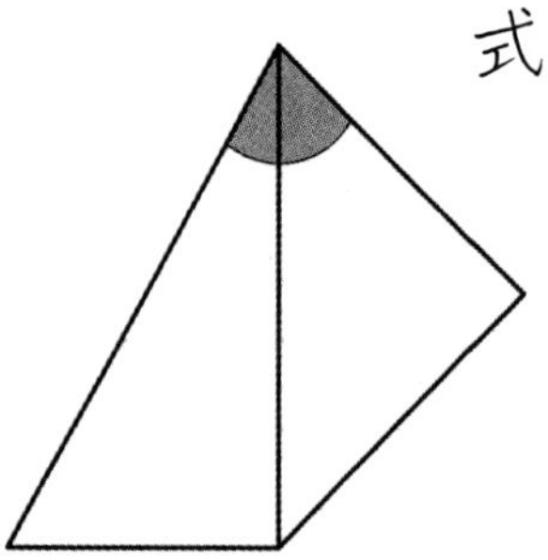

式

（　　　）

⑤

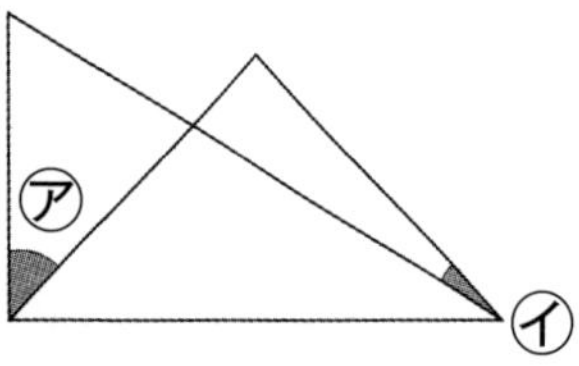

㋐ 式

（　　　）

㋑ 式

（　　　）

月　日

角の大きさ まとめ

名前

1 分度器を使って角度をはかりましょう。 （各20点）

①

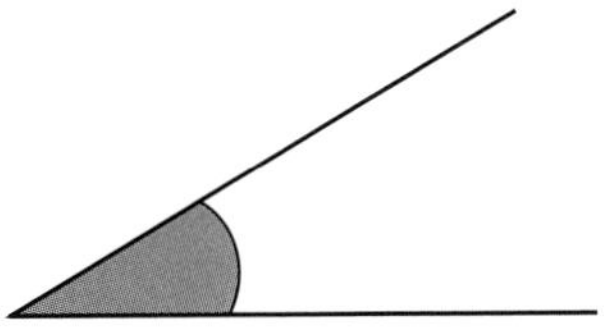

②

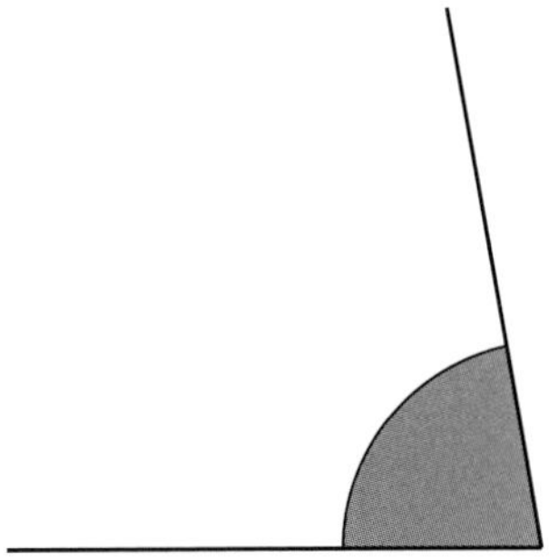

2 角をかきましょう。 （各20点）

①

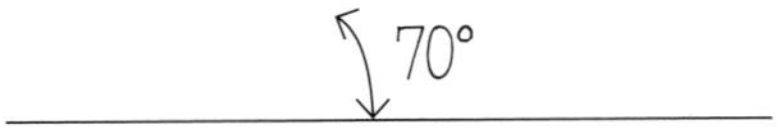

②

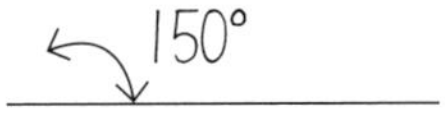

3 三角じょうぎでできる次の角度は何度ですか。

（式・答え各10点）

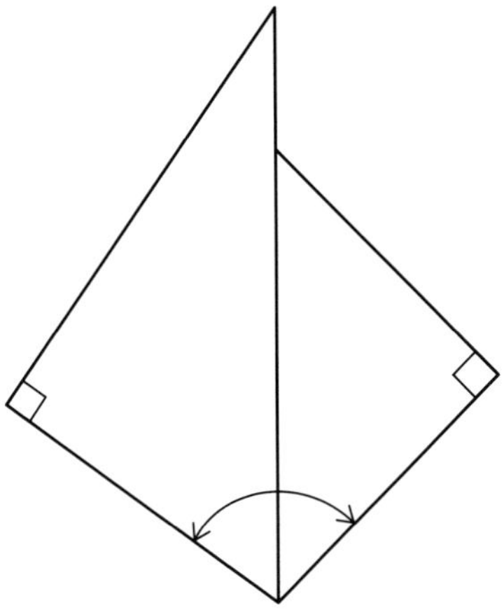

式

答え

点

三角形のかき方 (1)

名前　　　　　　　　　　月　　日

分度器を使って二等辺三角形をかく手順（てじゅん）は、次のとおりです。（1つの辺（へん）の長さが4cmで、その両はしの角が40°）

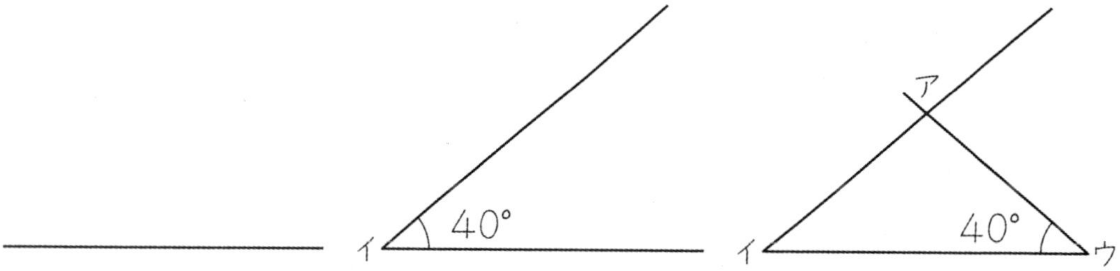

① じょうぎで4cmをひく。

② イから分度器を使って40°の線をひく。

③ ウから分度器を使って40°の線をひく。

✿ 次の三角形をかきましょう。

① 1つの辺が5cmで、その両はしの角が40°の二等辺三角形

② 1つの辺が7cmで、その両はしの角が50°の二等辺三角形

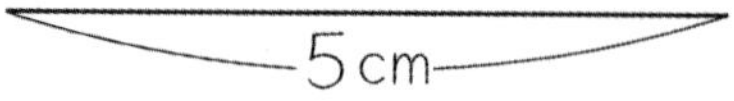

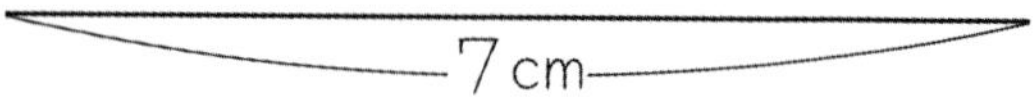

月　　日

三角形のかき方 (2)

名前

２つの辺の長さが３cmと４cmで、間の角の大きさが70°の三角形のかき方は、次のとおりです。

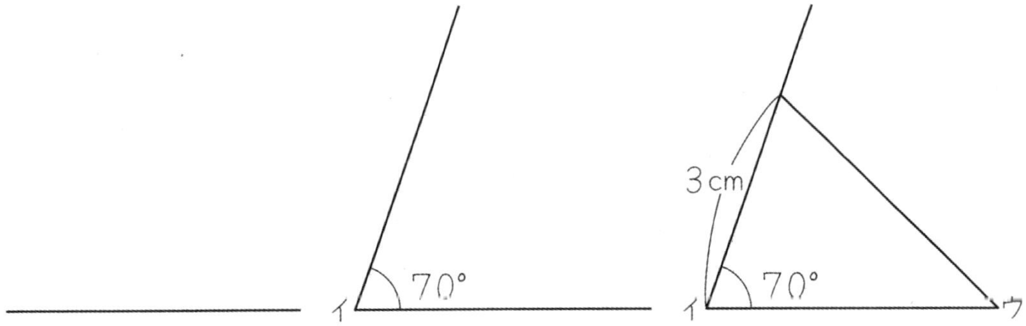

① じょうぎで4cmをひく。

② イから分度器で70°をはかり、線をひく。

③ イから３cmのところに印（しるし）をつけ、ウとむすぶ。

✿ 次の三角形をかきましょう。

① ２つの辺の長さが４cmと５cmで、その間の角の大きさが60°の三角形

② ２つの辺の長さが６cmと３cmで、その間の角の大きさが50°の三角形

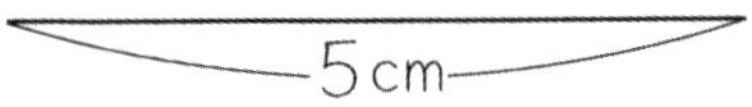

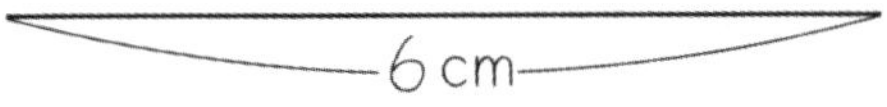

月　日　名前

わり算（÷2けた）(1)

36÷12 の筆算のしかたを考えましょう。

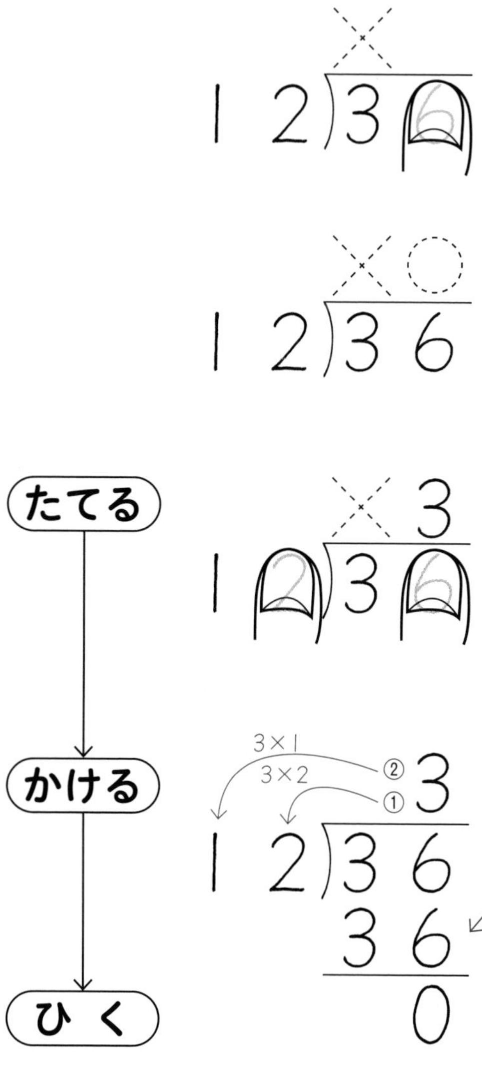

① かた手かくして、商のたつ位を見つけます。

3÷12 は、できないので×。

かくした手をはずします。

36÷12 は、できるので、商は一の位にたちます。

② 12のだんは勉強していません。

両手かくして、商を見つけます。

3÷1 を考えます。

3がたちます。

③ かくした手をはずして

12×3 をします。

かけ算の答えをかきます。

④ 36−36 をします。

ひき算の答えを下にかきます。

この計算は、あまりはありません。

36÷12＝3

月　日

名前

わり算（÷２けた）(2)

✿ 次の計算をしましょう。

① 41)82

			2
4	1	)8	2
		8	2
			0

② 11)44

③ 32)96

④ 31)93

⑤ 12)48

⑥ 13)39

⑦ 21)63

⑧ 33)99

⑨ 22)44

⑩ 14)28

⑪ 23)69

⑫ 12)36

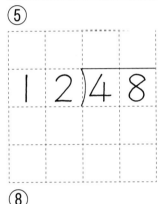

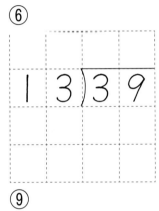

わり算（÷２けた）(3)

月　　日

名前

✿　次の計算をしましょう。

①
$$\begin{array}{r} 2 \\ 32\overline{)68} \\ \underline{64} \\ 4 \end{array}$$
※あまり

② $15\overline{)18}$

③ $45\overline{)90}$

④ $11\overline{)67}$

⑤ $47\overline{)94}$

⑥ $34\overline{)70}$

⑦ $29\overline{)58}$

⑧ $36\overline{)75}$

⑨ $49\overline{)98}$

⑩ $27\overline{)59}$

⑪ $38\overline{)76}$

⑫ $32\overline{)69}$

わり算（÷２けた）(4)

月　日

名前

✿ 215÷43 の筆算のしかたを考えましょう。

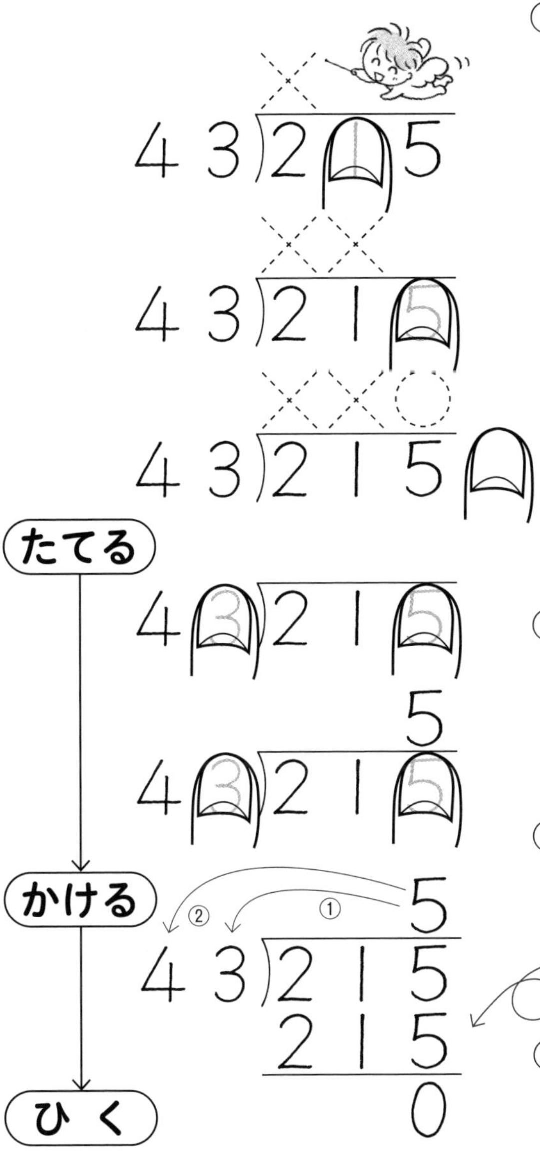

① かた手かくしで、商のたつ位（くらい）を見つけます。

2÷43 は、できないので×。指を右に１けたずらします。

21÷43 も、できないので×。指を右に１けたずらします。

215÷43 は、できるので○。
（一の位に商がたつ）

② 両手かくしで、商を見つけます。

21÷4 と考えます。

5がたつ。（21÷4＝5…1）

③ 指をはずして

43×5 をします。

かけ算の答えを下にかきます。

④ 215−215 をします。

ひき算の答えを下にかきます。

215÷43＝5

月　日

わり算（÷２けた）(5)

名前

✿ 次の計算をしましょう。

①

$$
\begin{array}{r}
4 \\
34\overline{)136} \\
\underline{136} \\
0
\end{array}
$$

②

$$84\overline{)588}$$

③

$$42\overline{)252}$$

④

$$47\overline{)188}$$

⑤

$$67\overline{)402}$$

⑥

$$78\overline{)468}$$

⑦

$$74\overline{)222}$$

⑧

$$87\overline{)783}$$

月　　日

名前

わり算（÷２けた）(6)

✿ 次の計算をしましょう。

①

$$\begin{array}{r} 8 \\ \not{9} \\ 23\overline{)184} \\ 184 \\ \hline 0 \end{array}$$

・18÷2＝9
　9をたてる。

$$\begin{array}{r} 23 \\ \times\ \ 9 \\ \hline 207 \end{array}$$

↓

・9だと大きすぎる
　ので8にする。

$$\begin{array}{r} 23 \\ \times\ \ 8 \\ \hline 184 \end{array}$$

②

$$25\overline{)150}$$

③

$$59\overline{)472}$$

④

$$49\overline{)245}$$

⑤

$$28\overline{)112}$$

⑥

$$35\overline{)280}$$

⑦

$$38\overline{)228}$$

月　日

わり算（÷２けた）(7)

名前

✿ 次の計算をしましょう。

①

$$\begin{array}{r} 8 \\ 45\overline{)375} \\ 360 \\ \hline 15 \end{array}$$

②

$$26\overline{)139}$$

③

$$36\overline{)220}$$

④

$$24\overline{)150}$$

⑤

$$26\overline{)159}$$

⑥

$$35\overline{)219}$$

⑦

$$37\overline{)190}$$

⑧

$$57\overline{)466}$$

月　日

わり算（÷２けた）⑻

名前

✿ 次の計算をしましょう。

①

~~8~~ ~~9~~ 7

26)182

182

0

②

27)162

③

28)140

④

29)174

⑤

39)273

⑥

27)189

⑦

28)196

⑧

29)145

わり算（÷２けた）(9)

名前

✿ 次の計算をしましょう。

①

~~7~~ 6
~~8~~

26)170
　 156
　　14

②

25)191

③

38)280

④

47)360

⑤

49)370

⑥

27)183

⑦

26)185

⑧

29)163

月　日

名前

わり算（÷２けた）⑽

✿ 次の計算をしましょう。

①

$$\begin{array}{r} 9 \\ 57\overline{)513} \\ 513 \\ \hline 0 \end{array}$$

• 513÷57 の商は一の位(くらい)にたちます。
7と3をかくして考えると
51÷5で10がたちます。

• 商は一の位にたつので、
10を9に変(か)えて考えます。

②

$$14\overline{)126}$$

③

$$27\overline{)243}$$

④

$$29\overline{)261}$$

⑤

$$35\overline{)315}$$

⑥

$$45\overline{)405}$$

⑦

$$12\overline{)108}$$

わり算（÷２けた）⑾

月　日

名前

✿ 次の計算をしましょう。

①

				~~9~~ 8
2	5	)2	1	6
		2	0[4]	0
			1	6

・216÷25 の商は一の位（くらい）にたちます。
　6と5をかくして考えると
　21÷2で10がたちます。

・商は１けたなので、
　9をたてて考えます。

・9も大きいので、8にします。

② 36)312

③ 26)210

④ 35)305

⑤ 28)233

⑥ 17)130

⑦ 18)110

わり算（÷２けた）⑿

名前

✿ 次の計算をしましょう。

①

		×	1	4
1	2	)1	6	8
		1	2	↓
			4	8
			4	8
				0

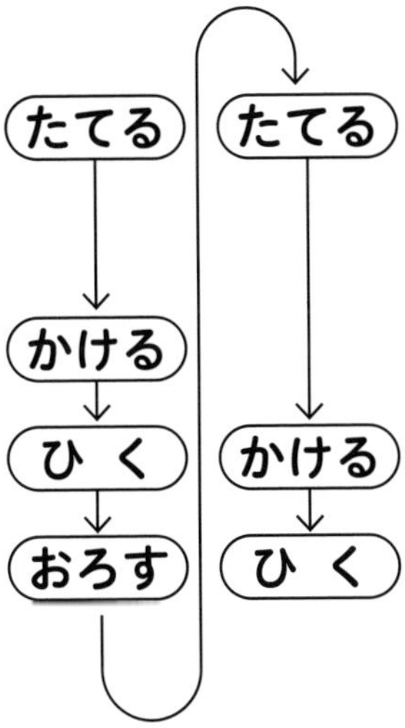

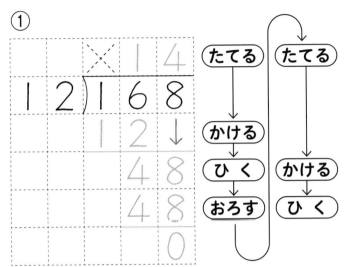

- 商の位置（いち）をたしかめます。
- 168÷12 の商は、6の上にたちます。

  16÷12で、1が成り立つ。
- 12×1 をします。
- 16−12 をします。
- 8をおろす。
- 4÷1を考え、8の上に4をたてます。
- 12×4 をします。
- 48−48 をします。

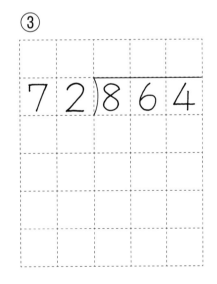

②

3	2	)4	8	0

③

7	2	)8	6	4

月　日

わり算（÷２けた）⒀

名前

✿ 次の計算をしましょう。

①

```
        1 3
   ┌──────
45 ) 5 8 5
     4 5
     ─────
     1 3 5
     1 3 5
     ─────
         0
```

②

```
22 ) 2 4 2
```

③

```
68 ) 7 4 8
```

④

```
41 ) 9 4 5
```

※あまり

⑤

```
31 ) 7 2 5
```

⑥

```
12 ) 3 9 8
```

月　　日

わり算（÷２けた）⑭

名前

✿ 次の計算をしましょう。

①

			2	6
			~~3~~	~~7~~
2	4	)6	2	4
		4	8	
		1	4	4
		1	4	4
				0

- 6÷2 を考え3をたてます。
- 大きすぎるので2をたてます。
- かける→ひく→おろす。
- 14÷2 を考え、7をたてます。
- 大きすぎるので、6をたてます。
- かける→ひく。

② 46)828

③ 33)924

④ 49)833

⑤ 25)925

わり算（÷２けた）⒂

名前

✿ 次の計算をしましょう。

①
```
      32
26)832
   78
    52
    52
     0
```

② 46)828

③ 39)936

④ 28)672

⑤ 45)810

⑥ 37)999

月　　日

わり算（÷２けた）⑯

名前

次の計算をしましょう。

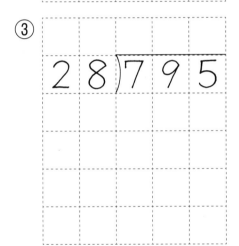

①

			5	9
1	2	)7	1	0
		6	0	
		1	1	0
		1	0	8
				2

② 26)973

③ 28)795

④ 13)876

⑤ 38)690

⑥ 29)825

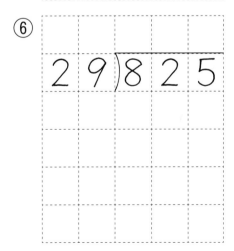

わり算（÷２けた）⑰

月　　日

名前

✿ 次の計算をしましょう。

① 14)777

55
70
77
70
7

② 27)640

③ 15)797

④ 39)636

⑤ 29)807

⑥ 49)860

月　　日

名前

わり算（÷２けた）⒅

✿ 次の計算をしましょう。

①
```
       47
15)710
   60
   110
   105
     5
```

②
```
26)660
```

③
```
25)720
```

④
```
18)689
```

⑤
```
37)690
```

⑥
```
26)485
```

わり算（÷２けた）⒆

名前

✿ 次の計算をしましょう。

① 43)864　（商）20　86　4　0　4

商の0をわすれないように

省いてもよい

② 24)743

③ 38)770

④ 21)853

⑤ 37)749

⑥ 23)693

わり算（÷２けた）⑳

月　　日

名前

次の計算をしましょう。

①
```
      35
43)1505
   129
    215
    215
      0
```

②
```
31)1178
```

③
```
92)3956
```

④
```
76)4864
```

⑤
```
86)1032
```

⑥
```
64)3456
```

月　日

わり算（÷２けた）(21)

名前

次の計算をしましょう。

① 55)2381

（例）
43
55)2381
220
181
165
16

② 85)6125

③ 63)5175

④ 42)1515

⑤ 47)1995

⑥ 95)3330

月　　日

わり算（÷２けた）まとめ

名前

✿　次のわり算を筆算でしましょう。

（①②各10点、③〜⑥各20点）

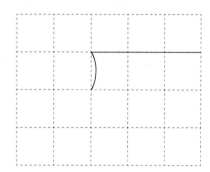

① 390÷46

② 181÷29

③ 288÷39

④ 547÷27

⑤ 847÷43

⑥ 631÷33

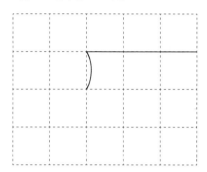

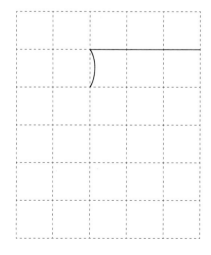

点

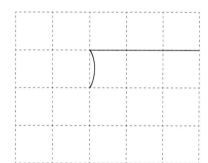

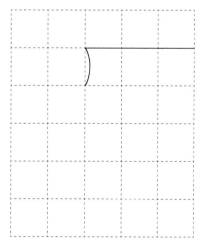

面　積 (1)

名前

１辺が１cmの正方形の面積を１平方センチメートル（１cm^2）といいます。
cm^2は、面積の単位です。

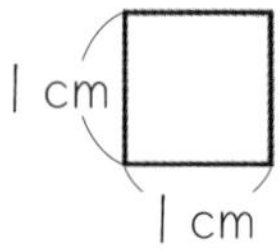

1　広さをくらべましょう。

㋐

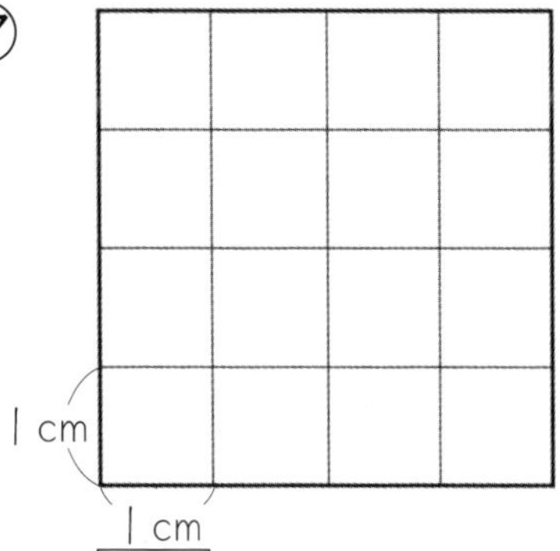

㋑

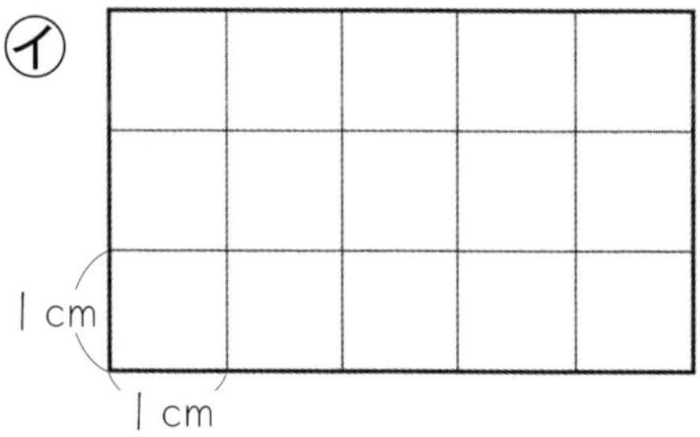

①  が何こありますか。

㋐（　　　　）㋑（　　　　）

② どちらが広いですか。　（　　　　）

③ ちがいは何cm^2ですか。　（　　　　）

2　cm^2のかき方を練習しましょう。

cm^2 cm^2 cm^2 cm^2 cm^2

面　積 (2)

長方形の面積＝たて×横

✿　長方形の面積を求めましょう。

①

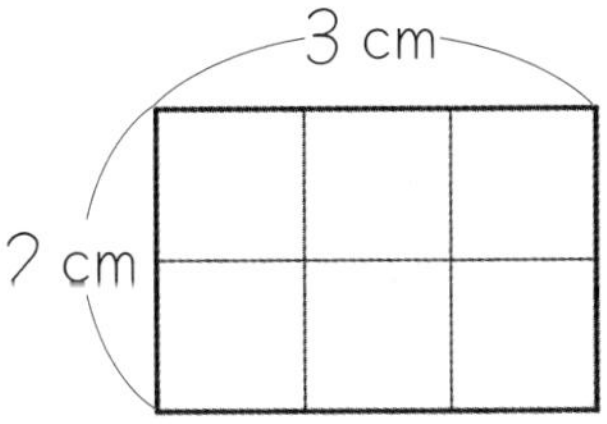

式

答え　　　　cm^2

②

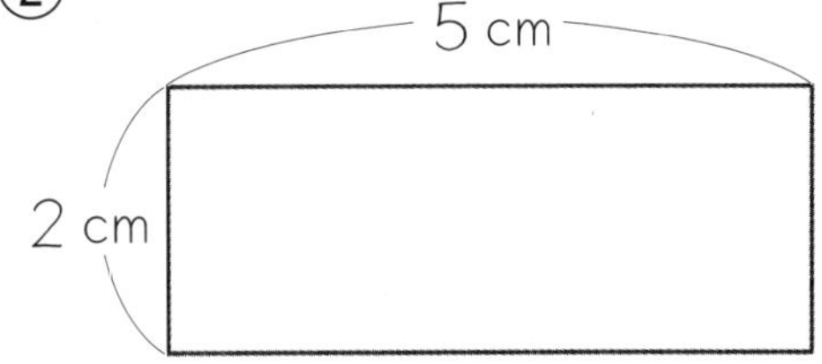

式

答え

③

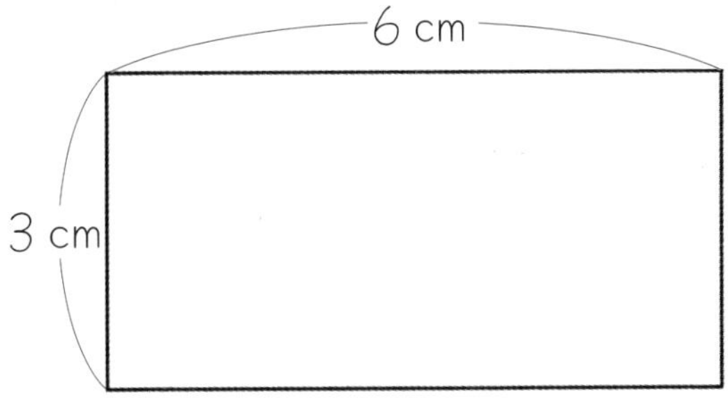

式

答え

④

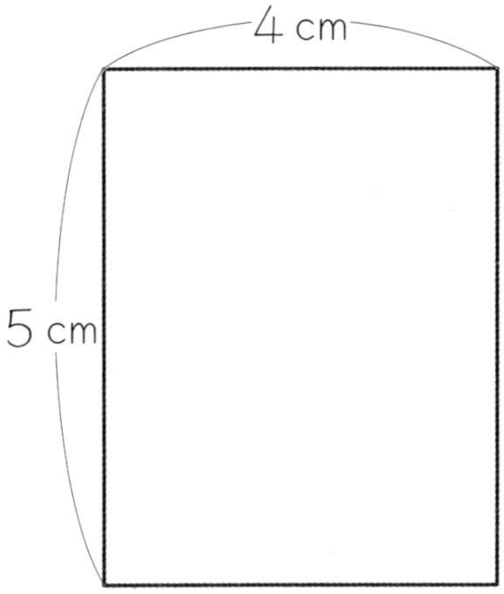

式

答え

面　積 (3)

名前

正方形の面積＝１辺×１辺

✿ 正方形の面積を求(もと)めましょう。

①

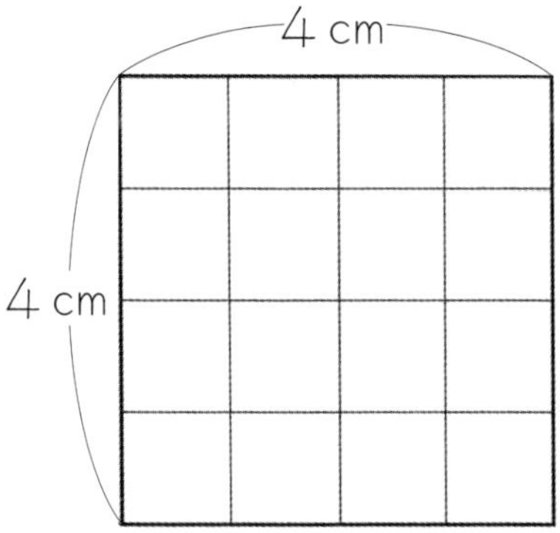

式

答え

②

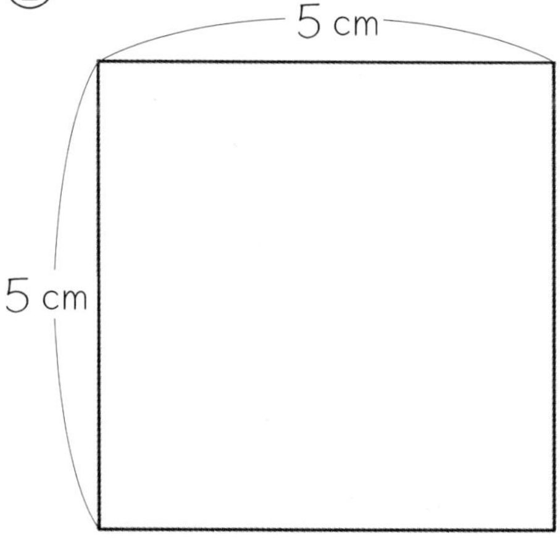

式

答え

③ １辺が８cmの正方形

式

答え

④ １辺が11cmの正方形

式

答え

月　　日

面　積 (4)

名前

✿ 面積を求めましょう。

①

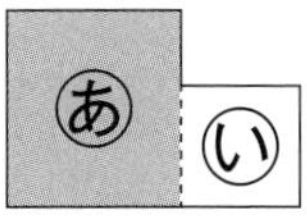

・線をひいて２つに分けます。
・それぞれの面積を計算します。
・面積をたします。

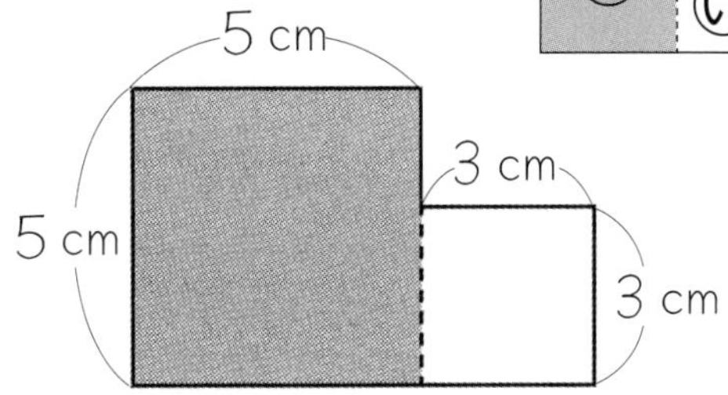

式

5×5＝25 … あ

3×3＝9 … い

答え ＿＿＿＿＿＿

②

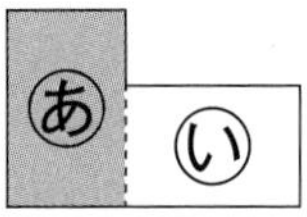

式

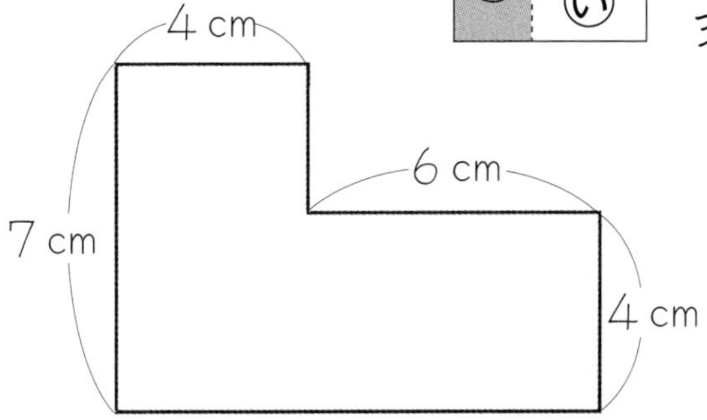

答え ＿＿＿＿＿＿

③

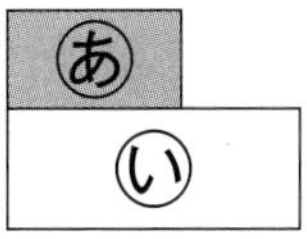

式

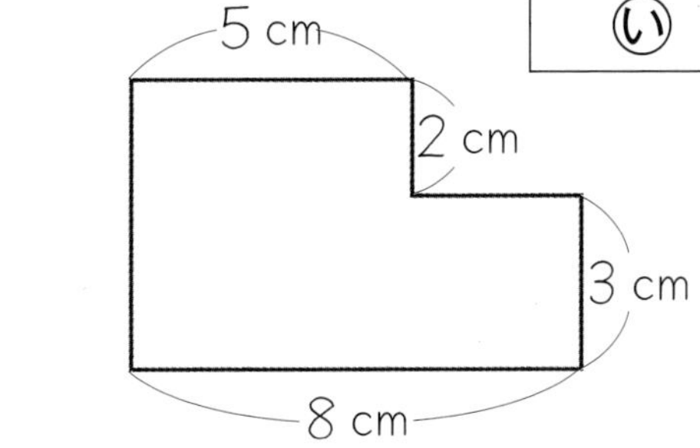

答え ＿＿＿＿＿＿

面　積 (5)

月　　日

名前

✿　面積を求めましょう。

①

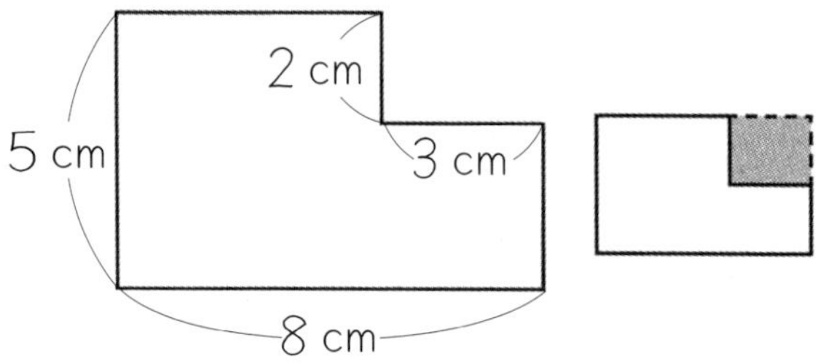

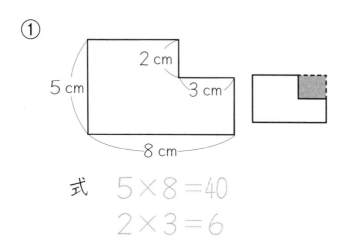

- 線をのばして、大きな長方形にします。
- その長方形の面積と小さな長方形の面積を計算します。
- 小さな長方形の面積をひきます。

式　5×8＝40
　　2×3＝6

答え ＿＿＿＿＿＿

②

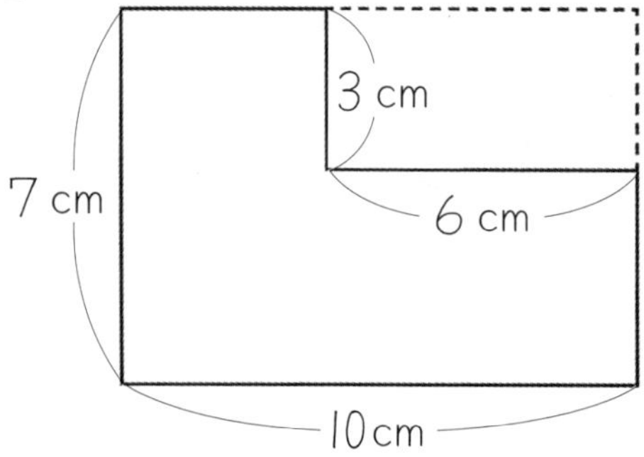

式

答え ＿＿＿＿＿＿

③

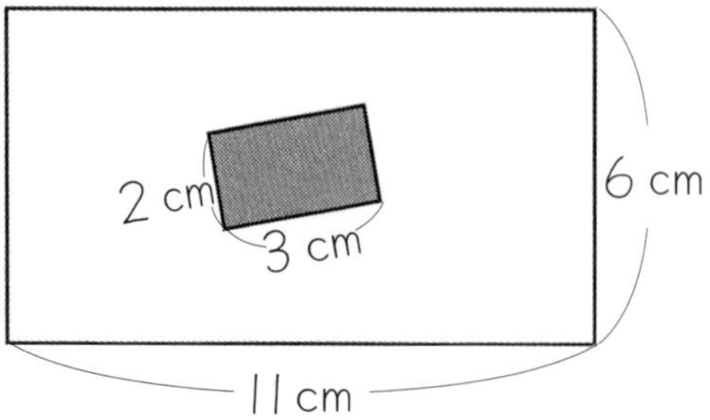

式

答え ＿＿＿＿＿＿

月　日

面　積 (6)

名前

１辺が１mの正方形の面積を**１平方メートル**（$1\,m^2$）といいます。m^2も面積の単位です。

1 たて9m、横8mの教室の面積は何m^2ですか。

式

答え

2 面積を求めましょう。

①

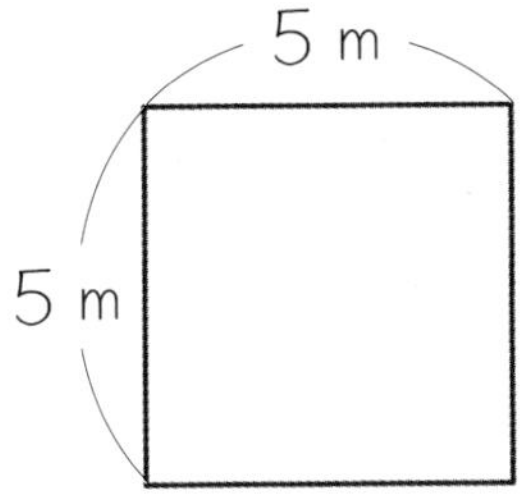

式

答え

②

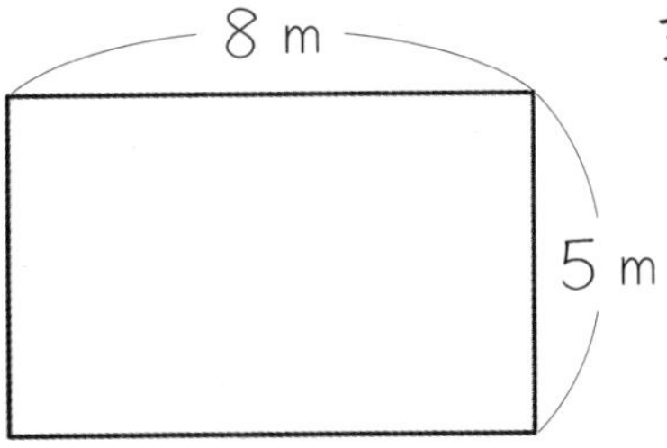

式

答え

3 $1\,m^2$は、何cm^2ですか。

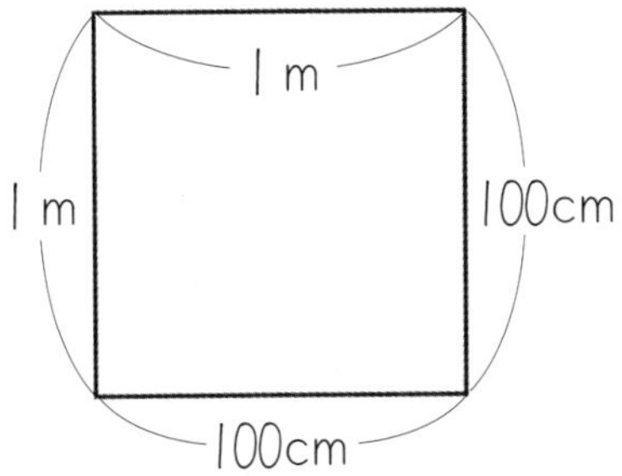

式

$1\,m^2$＝ 　　　cm^2

面　積 (7)

月　　日

名前

１辺が１kmの正方形の面積を**１平方キロメートル**（$1\,km^2$）といいます。km^2も面積の単位です。

1　たて２km、横３kmの長方形をしたうめたて地の面積は何km^2ですか。

式

答え

2　１つの辺が５kmの正方形の土地の面積を求めましょう。

式

答え

3　$1\,km^2$は、何m^2ですか。

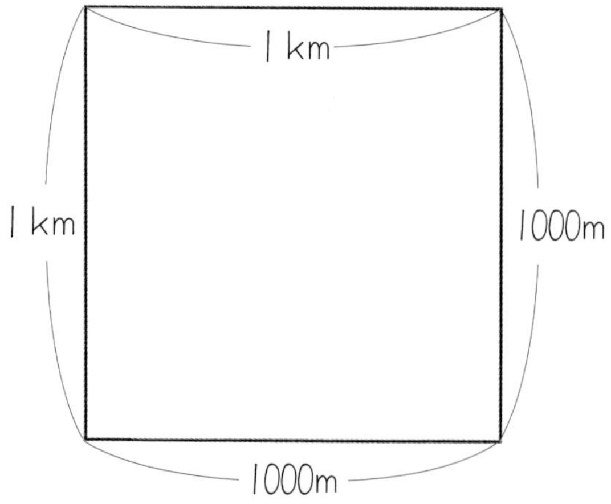

式

$1\,km^2$＝　　　　m^2

面　積 (8)

田や畑の面積を、1辺が10mの正方形いくつ分かで表すことがあります。

1辺が10mの正方形の面積を1アールといい、1aとかきます。

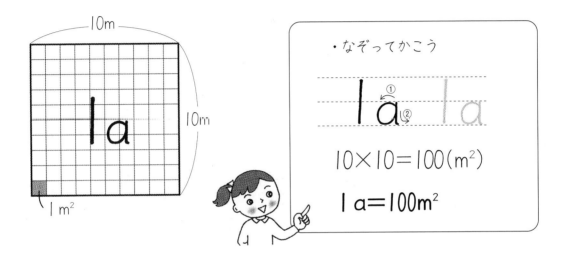

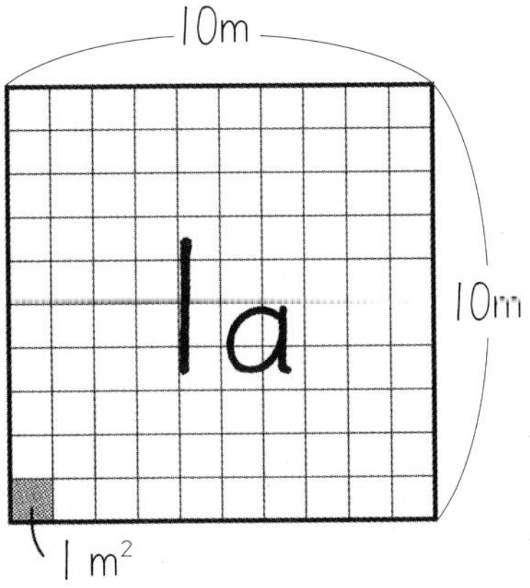

・なぞってかこう

1a　1a

10×10＝100(m²)

1a＝100m²

1 たて30m、横40m、の長方形の田の面積は何aですか。

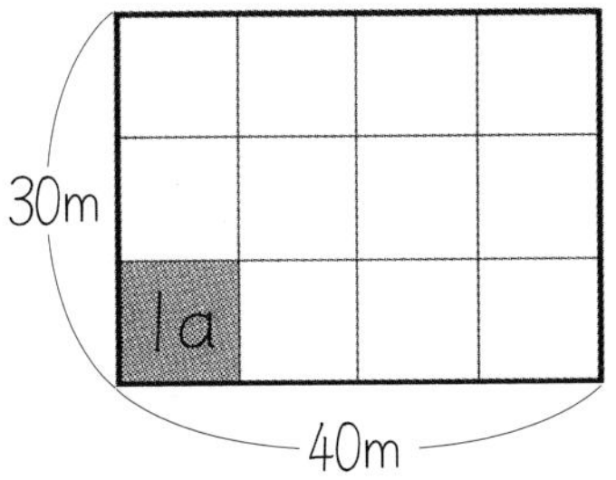

式

答え ＿＿＿＿＿＿

2 たて50m、横60mの長方形の田の面積は何aですか。

式

答え ＿＿＿＿＿＿

面　積 (9)

名前

広い田や牧場(ぼくじょう)などの面積(めんせき)を、1辺(ぺん)が100m の正方形いくつ分かで表すことがあります。

1辺が100m の正方形の面積を1**ヘクタール**といい、1 ha とかきます。

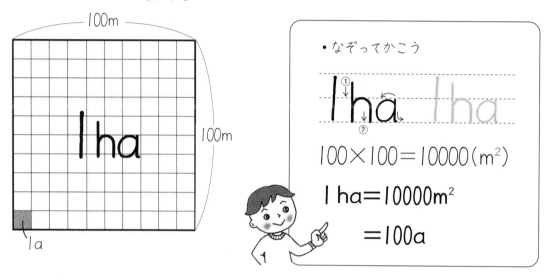

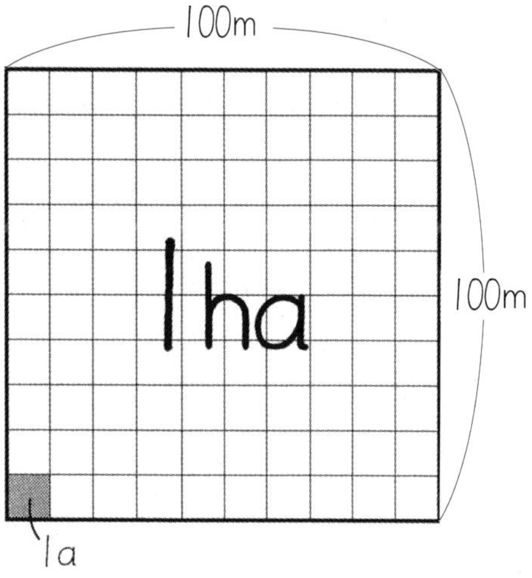

・なぞってかこう

1ha　1ha

100×100＝10000(m^2)

1 ha＝10000m^2

＝100a

1 たて400m、横500m の長方形の田の面積は何 ha ですか。

式

答え ＿＿＿＿＿＿＿＿

2 たて800m、横700m の牧場の面積は何 ha ですか。

式

答え ＿＿＿＿＿＿＿＿

月　日

面積 まとめ

名前

1 面積を求(もと)めましょう。 (式・答え各10点)

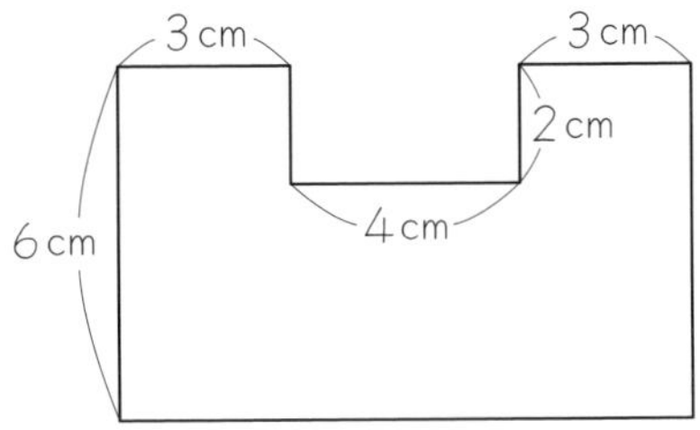

式

答え

2 たて4cm、横4cmの正方形の面積を求めましょう。 (式・答え各10点)

式

答え

3 たて20m、横40mの田の面積は何aですか。 (式・答え各15点)

式

答え

4 たて200m、横300mの牧場の面積は何haですか。 (式・答え各15点)

式

答え

点

折(お)れ線グラフ (1)

✿ 折れ線グラフを見て、問いに答えましょう。

1日の気温の変化(へんか)（晴れの日）

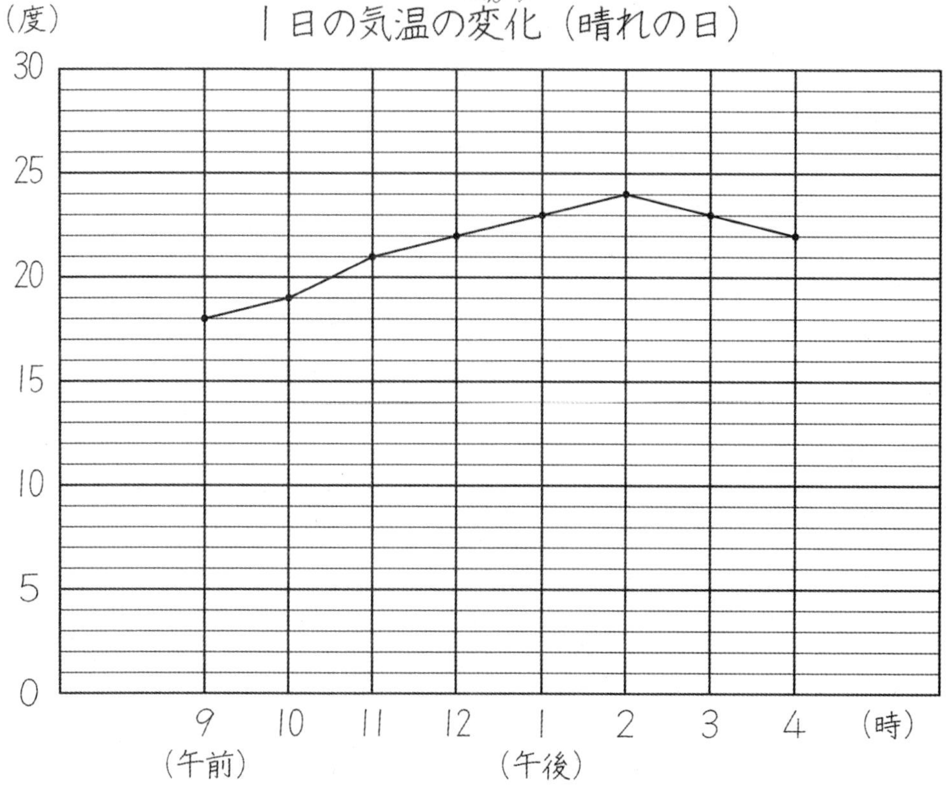

① 表題は何ですか。（　　　　　　　　　　）

② たてじくは何を表していますか。（　　　　　）

③ 横じくは何を表していますか。（　　　　　）

④ たてじくの1めもりは、何度ですか。（　　　　　）

⑤ 気温が一番高いのは、何時ですか。（　　　　　）

月　　日

折れ線グラフ (2)

名前

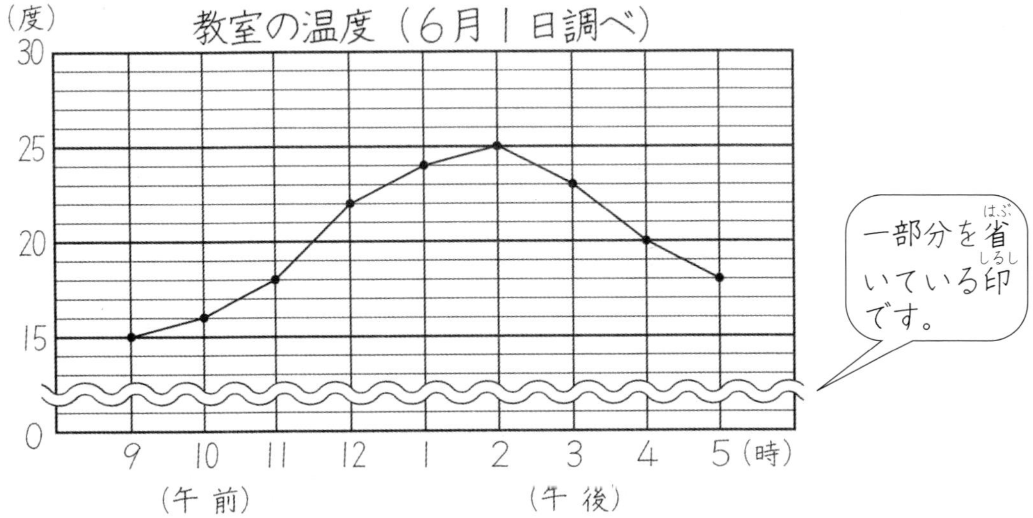

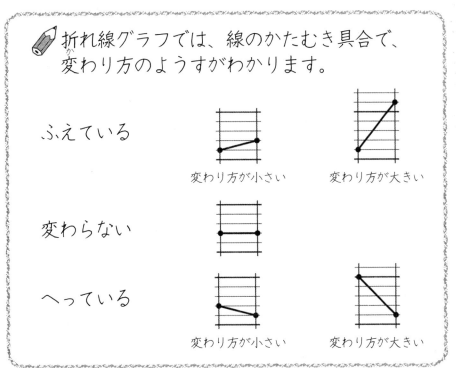

折れ線グラフでは、線のかたむき具合で、変わり方のようすがわかります。

ふえている

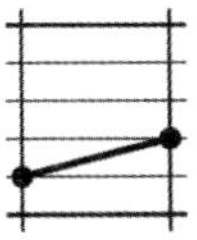

変わり方が小さい

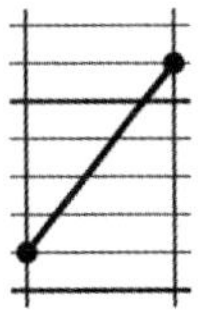

変わり方が大きい

変わらない

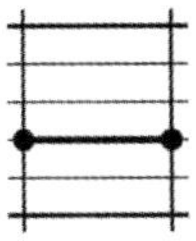

へっている

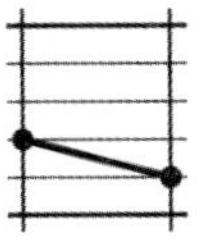

変わり方が小さい

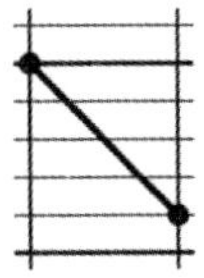

変わり方が大きい

上のグラフで、変わり方が一番大きいのはいつですか。

（　　　　　時～　　　　　時の間）

折れ線グラフ (3)

月　日

名前

✿ 折れ線グラフを見て、問いに答えましょう。

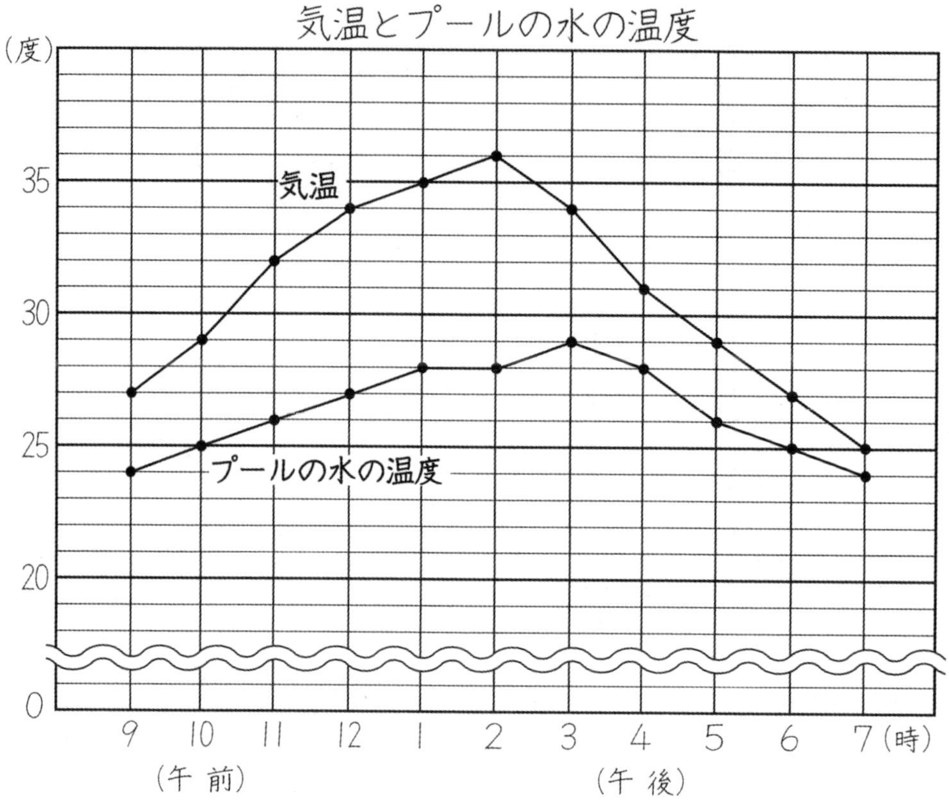

① 気温が一番高かったのは何時ですか。 (午　　　　)

② プールの水の温度が一番高かったのは何時ですか。 (　　　　)

③ 気温とプールの水の温度の差(さ)が一番大きかったのは何時ですか。 (　　　　)

④ 気温と水の温度で、変化(へんか)のしかたが大きいのは、どちらですか。 (　　　　)

月　日

折れ線グラフ (4)

名前

✿ 次の表を、折れ線グラフに表しましょう。

気温調べ（1月15日）

②時こく（時）	午前9	10	11	12	午後1	2	3
③気　温（度）	9	12	15	16	16	13	11

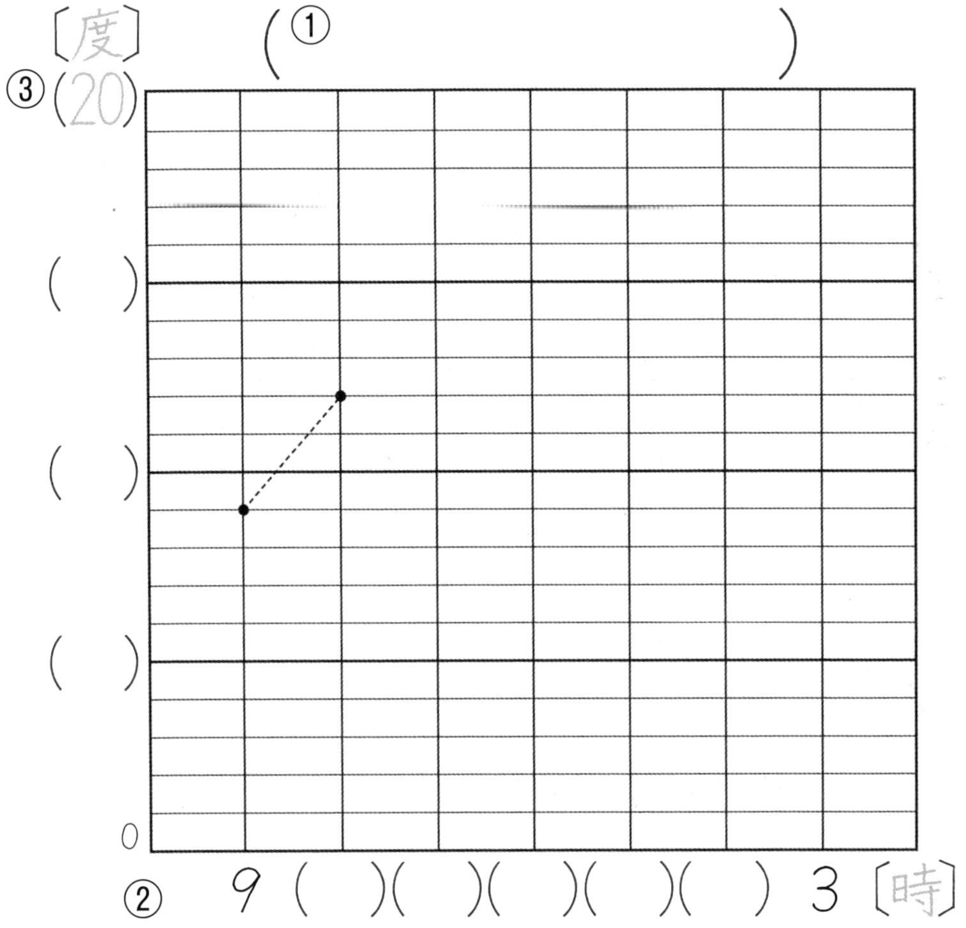

① グラフの表題をかきましょう。

② 横じくに、時こくをかきます。

③ たてじくに気温を5度おきにかきます。

④ 表を見て、点をうち、順(じゅん)に結(むす)びます。

折れ線グラフ (5)

月　　日

名前

✿ 次の表を、折れ線グラフに表しましょう。

1年間の気温

月	1	2	3	4	5	6	7	8	9	10	11	12
気温(度)	12	11	15	17	21	25	27	28	27	23	17	13

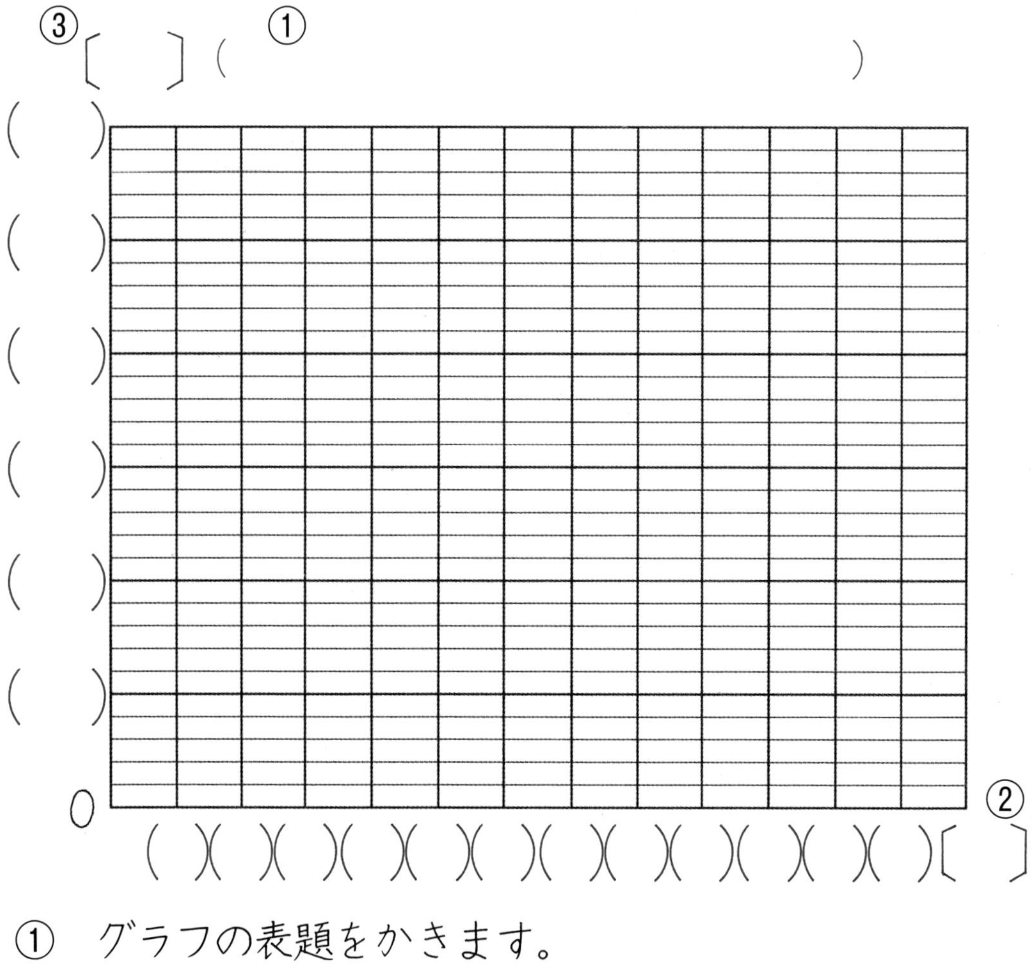

① グラフの表題をかきます。

② 横じくに月をかき、〔　　〕の中に月とかきます。

③ たてじくに気温を５度おきにかき、〔　　〕の中に度と単位(たんい)をかきます。

④ 表を見て月ごとに点をうち、順(じゅん)に線で結(むす)びます。

折れ線グラフ (6)

名前

1 折れ線グラフは、時間のうつり変(か)わりと、量(りょう)の変化(へんか)をくらべるときに使うと便利(べんり)です。

次のうち、折れ線グラフに表すとよいものは、どれですか。3つ選(えら)んで○をつけましょう。

① (　　) 1時間おきに調べた太陽の高さ

② (　　) 5月にはかった学級の人の体重

③ (　　) 自分の1年生から4年生までの毎月の体重（学校ではかった記録(きろく)をグラフにする）

④ (　　) 給食(きゅうしょく)メニュー別(べつ)すき、きらいの人数

⑤ (　　) 午前10時にはかったいろいろな場所の気温

⑥ (　　) 自分の住んでいる市の20年間の人口のうつり変わり

2 折れ線グラフについて正しい文に○を、まちがっている文に×を、(　　)の中にかきましょう。

① (　　) たてじくには、もとの表にある数字をかきます。

② (　　) たてじくには、一番大きい数が入るようにします。

③ (　　) 表題は、かいてもかかなくてもかまいません。

④ (　　) 単位は、〔　　〕に入れてかきます。

⑤ (　　) 線のかたむきが大きいほど変化が大きいです。

変わり方 (1)

月　　日

名前

1 マッチぼうを使って、絵のように三角形を作っていきました。マッチぼうと三角形の数を表にまとめましょう。

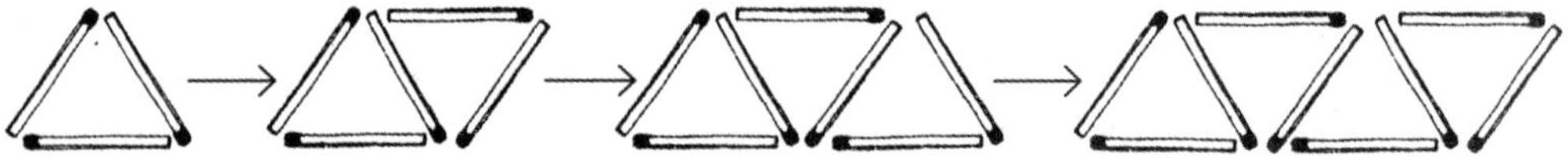

三角形の数(こ)	1	2	3	4	5	6	7	8	9
マッチぼうの数(本)									

① 三角形が1こふえると、マッチぼうは何本ずつふえますか。　　（　　　　　）

② 三角形を10こ作るには、マッチぼうは何本使いますか。　　（　　　　　）

2 マッチぼうを使って、絵のように四角形を作っていきました。マッチぼうと四角形の数を表にまとめましょう。

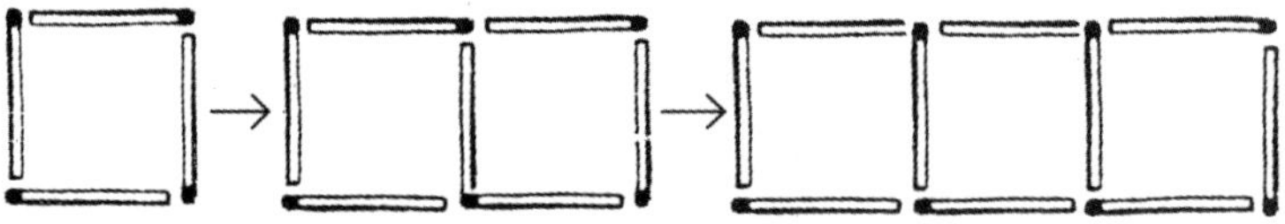

四角形の数(こ)	1	2	3	4	5	6	7	8	9
マッチぼうの数(本)									

① 四角形が1こふえると、マッチぼうは何本ずつふえますか。　　（　　　　　）

② 四角形を10こ作るには、マッチぼうは何本使いますか。　　（　　　　　）

変わり方 (2)

月　　日

名前

✿ 周りの長さが14cmの長方形を作ります。たてと横の長さの関係を調べましょう。

① 周りの長さが14cmの長方形を、いろいろかいてみましょう。

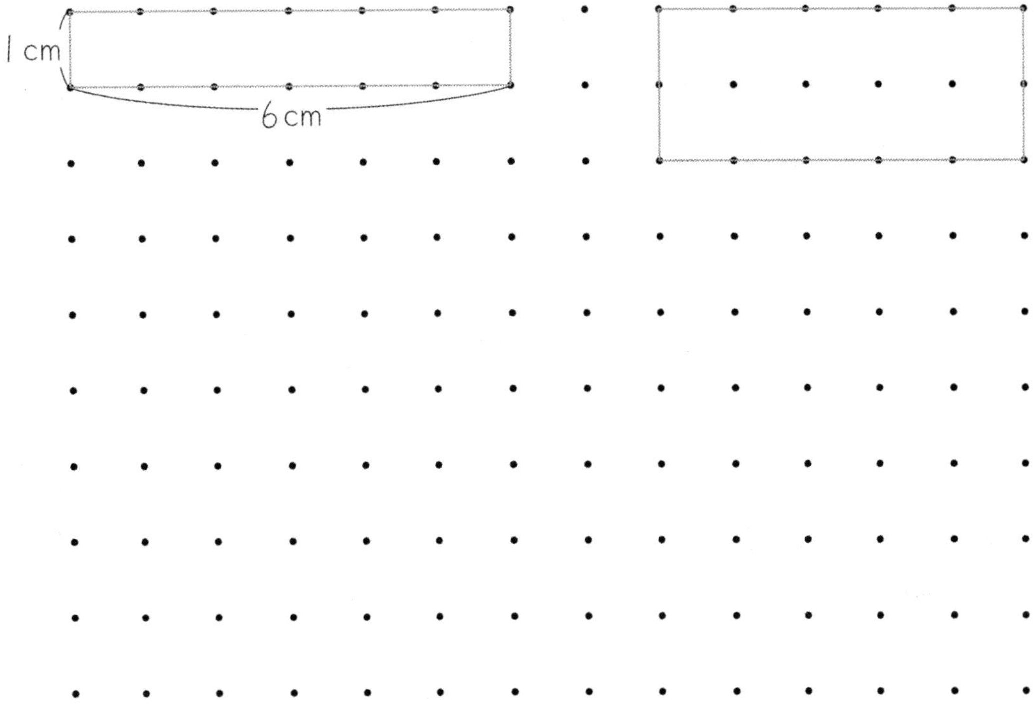

② たてと横の長さを、下の表にまとめましょう。

たての長さ（cm）	1	2	3	4	5	6
横の長さ（cm）	6					

③ たて（○）と横（△）をたすと、いつも同じ数になります。□に数をかきましょう。

○＋△＝□

変わり方 (3)

月　　日

名前

1 わたしが生まれたとき、お兄さんは３さいでした。２人の年れいを表にまとめましょう。

わたしの年れい（さい）	0	1	2	3	4	5	6	7
お兄さんの年れい（さい）	3	4						

① 表を見て、点をグラフにかきましょう。また、かいた点を線でつなぎましょう。

（さい）わたしとお兄さんの年れい

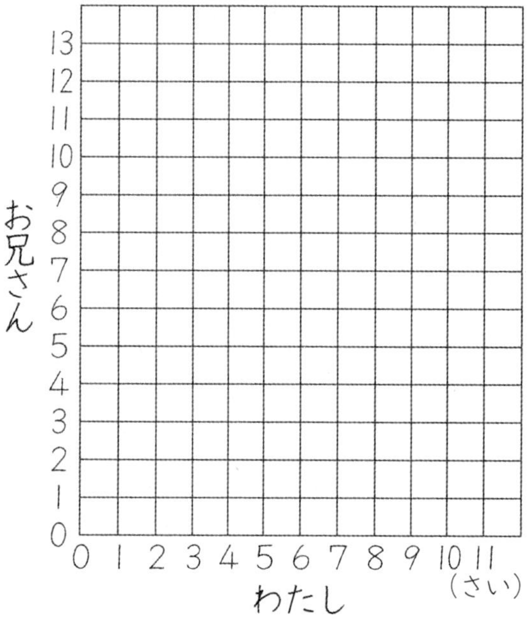

② わたしの年れいを○、お兄さんの年れいを□として、２人の年れいの関係を式に表しましょう。

（　　　　　　　　　）

③ わたしの10さいのたん生日には、お兄さんは何さいになりますか。

式

答え ＿＿＿＿＿＿＿＿

2 わたしが生まれたとき、お父さんは28さいでした。わたしの11さいのたん生日には、お父さんは何さいになりますか。

式

答え ＿＿＿＿＿＿＿＿

変わり方 (4)

月　日

名前

✿ 水そうに水を入れるときのようすを表にしました。

水を入れる時間とたまった水の量（りょう）

時　間（分）	1	2	3	4	5	6	7	8	9	
水の量（L）	3	6	9	12	15	18	21	24	27	

① 上の表をグラフに表しましょう。

水を入れる時間と
たまった水の量

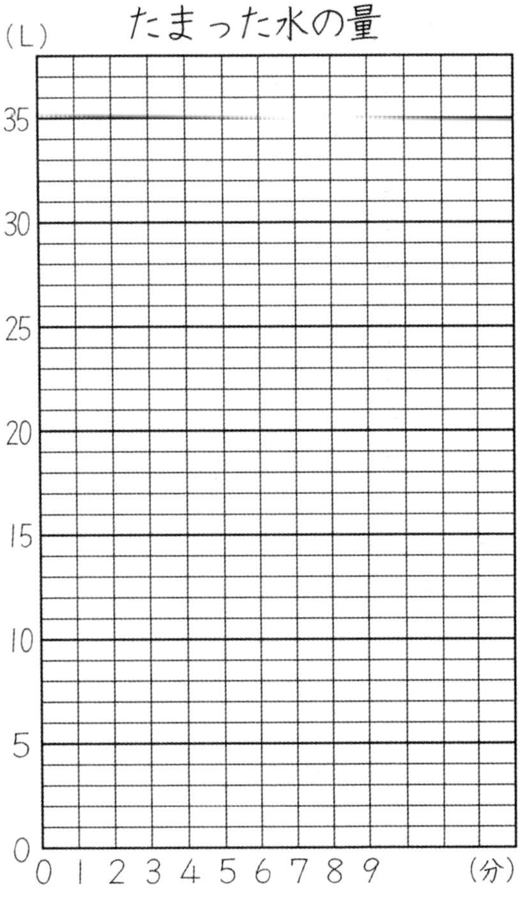

② 1分ごとに水は、何Lふえますか。

(　　　　)

③ たまった水の量を○、水を入れる時間を□として関係を式で表しましょう。

(　　　　　　　　)

④ 時間が2分の2倍の4分になると水の量は6Lの何倍になっていますか。

(　　　　)

⑤ 水を入れる時間が10分、11分になると、たまった水の量はいくらになりますか。

10分後（　　　　　　）

11分後（　　　　　　）

整理のしかた (1)

名前

✿　田中さんのはんでは、弟や妹がいるかどうかを調べて、表を作りました。

はんの弟・妹調べ

番号	1	2	3	4	5	6	7	8	9	10	11	12
弟	○	×	○	×	○	×	○	×	×	×	○	×
妹	×	○	○	×	○	×	×	○	×	○	×	×

（○は、いる。×は、いない。）

① 両方ともいる人の番号をかきましょう。

（　　　　　　）

② 弟だけいる人の番号をかきましょう。

（　　　　　　）

③ 妹だけいる人の番号をかきましょう。

（　　　　　　）

④ 結果（けっか）を下の表のようにまとめてみました。人数をかきましょう。

はんの弟・妹調べ

ことがら	人数（人）
両方いる人	㋐
弟だけいる人	㋑
妹だけいる人	㋒
両方いない人	㋓
合　計	㋔

月　　日

整理のしかた (2)

名前

✿ 高橋さんの学級では、兄や姉がいるかどうかを調べて表を作りました。㋐〜㋔に数字（人数）を入れて、問いに答えましょう。

		姉 いる	姉 いない	合計
兄	いる	8（人）	5	㋐ 13
兄	いない	7	9	㋑
合計		㋒	㋓	㋔

① 兄も姉もいる人は、何人ですか。

（　　　人）

② 兄がいる人は、何人ですか。

（　　　）

③ 姉がいる人は、何人ですか。

（　　　）

④ 兄も姉もいない人は、何人ですか。

（　　　）

⑤ 学級の人数は、みんなで何人ですか。

（　　　）

整理のしかた (3)

名前

✿ 下のしりょうは、5月のある週に、けがをしてほけん室に来た人の記録(きろく)です。

番号	学年	けがの種類(しゅるい)	場所
1	2年	すりきず	運動場
2	5年	切りきず	教室
3	1年	だぼく	運動場
4	2年	すりきず	運動場
5	1年	すりきず	ろうか
6	6年	ねんざ	運動場
7	4年	つき指	体育館
8	3年	すりきず	教室
9	3年	切りきず	教室
10	4年	すりきず	体育館

番号	学年	けがの種類	場所
11	6年	だぼく	運動場
12	5年	だぼく	ろうか
13	6年	つき指	教室
14	1年	すりきず	運動場
15	1年	すりきず	ろうか
16	3年	すりきず	教室
17	3年	鼻血	運動場
18	6年	だぼく	教室
19	6年	だぼく	体育館
20	3年	すりきず	運動場

番号	学年	けがの種類	場所
21	4年	すりきず	運動場
22	1年	だぼく	体育館
23	2年	すりきず	教室
24	3年	つき指	運動場
25	4年	すりきず	体育館
26	5年	ねんざ	運動場
27	1年	すりきず	運動場
28	4年	切りきず	ろうか
29	4年	鼻血	ろうか
30	3年	つき指	運動場

① 学年ごとの人数を下の表に整理しましょう。

学年別(べつ)けがの人数

学年	人数（人）	
	正の字	数字
1年		
2年		
3年		
4年		
5年		
6年		
合計		

② けがの種類(しゅるい)ごとに下の表に整理しましょう。

けがの種類別人数

けがの種類	人数（人）	
	正の字	数字
合計		

月　　日

整理のしかた (4)

名前

1 90ページのしりょうを下の表に整理し、気がついたことを（　　）にかきましょう。

けがの場所と学年

学年＼場所	教　室	ろうか	体育館	運動場	合計
1　年					
2　年					
3　年					
4　年					
5　年					
6　年					
合　計					

（　　　　　　　　　　　　　　　　　　　　　　　　　　　　）

2 90ページのしりょうを下の表に整理し、気がついたことを（　　）にかきましょう。

けがの場所と種類

種類＼場所	教　室	ろうか	体育館	運動場	合計
すりきず					
だぼく					
つき指					
切りきず					
ねんざ					
鼻血					
合　計					

（　　　　　　　　　　　　　　　　　　　　　　　　　　　　）

計算のきまり (1)

名前　　　　　　　　　　　月　　日

1　100円を持っておやつを買いに行きました。30円のラムネがしと50円のせんべいを買いました。100円はらったら、おつりはいくらになりますか。

㋐　100－30－50＝□

①　70

②

答え＿＿＿＿＿＿＿＿

㋑　100－(30＋50)＝□

②　①　買った物の合計

答え＿＿＿＿＿＿＿＿

> ㋐　計算は前から順（じゅん）にします。
> ㋑　(　　)があるときは、(　　)の中を先に計算します。

2　次の計算をしましょう。

①　45－30－8＝

②　45－(30－8)＝

③　37－25＋10＝

④　37－(25＋10)＝

月　日

名前

計算のきまり (2)

1 みかんが47こありました。5こずつ、9つのざるに入れました。残り(のこり)は何こですか。

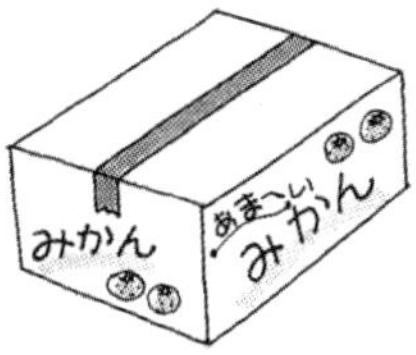

㋐ ざるに入れたみかん

5×9＝□

㋑ はじめにあったみかんの数から㋐をひくと

47－5×9＝□

答え

2 110円のノート1さつと、10こで800円の消しゴムを1こ買いました。全部で何円ですか。

㋐ 消しゴム1このねだんは

800÷10＝□

㋑ 全部では

110＋800÷10＝□

答え

＋、－、×、÷がまざった式では、×、÷を先にします。

3 次の計算をしましょう。

① 200＋30×4＝　　② 30－54÷6＝

月　日　名前

計算のきまり (3)

✿ 2つの長方形を合わせた面積を求めましょう。

①

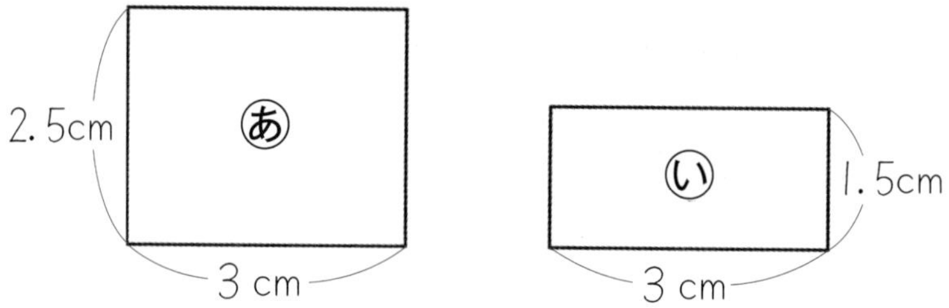

式　2.5×3＋1.5×3＝

＝

答え ＿＿＿＿＿＿＿＿

② あといを重ねて考えました。

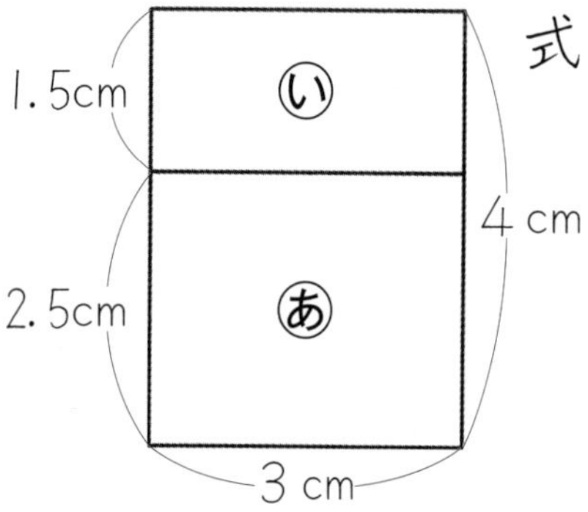

式　(2.5＋1.5)×3＝

答え ＿＿＿＿＿＿＿＿

①と②の式は等しいので、等号で結びました。

2.5×3＋1.5×3＝(2.5＋1.5)×3

(　　)を使った計算には、次のきまりがあります。

(●＋■)×△＝●×△＋■×△

(●－■)×△＝●×△－■×△

計算のきまり (4)

名前　　　　月　　日

1　98×4 を工夫（くふう）して計算しましょう。

98＝100－2　なので

(100－2)×4＝100×4－2×4

（100×4＝400、2×4＝8）

＝400－8

＝

2　工夫して計算しましょう。

① 95×6＝(　　－　　)×6

＝

＝

② 208×5＝(　　＋　　)×5

＝

＝

③ 225×4＝(　　＋　　)×4

＝

＝

月　日

計算のきまり (5)

名前

たし算とかけ算には、次のようなきまりがあります。

●＋□＝□＋●

●×□＝□×●

(●＋□)＋△＝●＋(□＋△)

(●×□)×△＝●×(□×△)

計算の順番(じゅんばん)を入れかえても答えは同じになります。

1 上のきまりを利用して、次の計算をしましょう。

① 85＋259＋15＝

② 363＋97＋3＝

2 25×4＝100 を利用して、次の計算をしましょう。

① 25×7×4＝

② 16×4×25＝

③ 25×24＝25×4×6＝

④ 36×25＝9×4×25＝

月　日

小数と整数のかけ算 (1)

名前

2.3×4　を筆算でしましょう。

筆算の形にします。なぞりましょう。

	2.	3
×		4

※　かけ算は、数の位(くらい)を気にしないで、右にそろえてかきます。
3と4を右はしにします。

計算をします。

	2.	3
×		4
	9	2

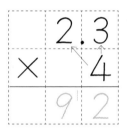

小数点がないものとして、23×4をする。

→

	2.	3
×		4
	9.	2

小数点より下のけた数が式と同じになるように、答え（積(せき)）に小数点を打つ。

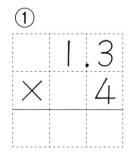

✿　次の計算をしましょう。

①

	1.	3
×		4

②

	1.	2
×		8

③

	3.	6
×		2

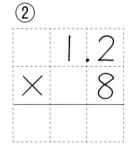

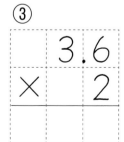

月　日

小数と整数のかけ算 (2)

名前

1.4×5 を筆算でしましょう。

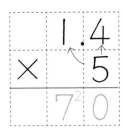

	1.	4
×		5
	7	0

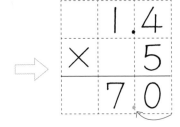

小数点がないものとして計算する。

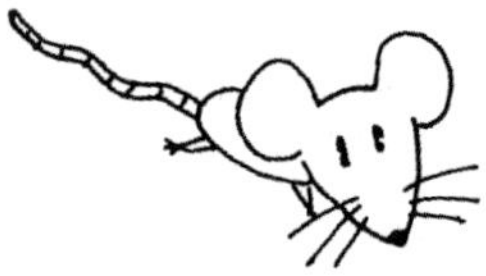

⇨

	1.	4
×		5
	7.	0

1.4の小数点より下は1けたなので、7.0と小数点を打つ。

⇨

	1.	4
×		5
	7.	~~0~~

小数点より右に0があるときは、＼（ななめ線）で消す。小数点も＼で消して整数にする。7

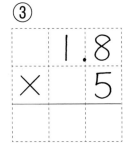

✿　次の計算をしましょう。

①

	1.	2
×		5
	6.	0

②

	1.	5
×		4

③

	1.	8
×		5

④

	0.	6
×		5

⑤

	0.	5
×		4

⑥

	0.	2
×		5

小数と整数のかけ算 (3)

月　　日

名前

✿ 次の計算をしましょう。

①

		1	.1
	×	2	7
		7	7
	2	2	
	2	9	.7

②

		4	.2
	×	2	1

③

		2	.5
	×	1	2

④

		3	.3
	×	2	3

⑤

		3	.2
	×	3	5

⑥

		6	.5
	×	8	4

⑦

		2	9	.3
	×		5	6

⑧

		3	2	.9
	×		6	9

月　日

小数を整数でわる (1)

名前

✿ 次の計算をしましょう。

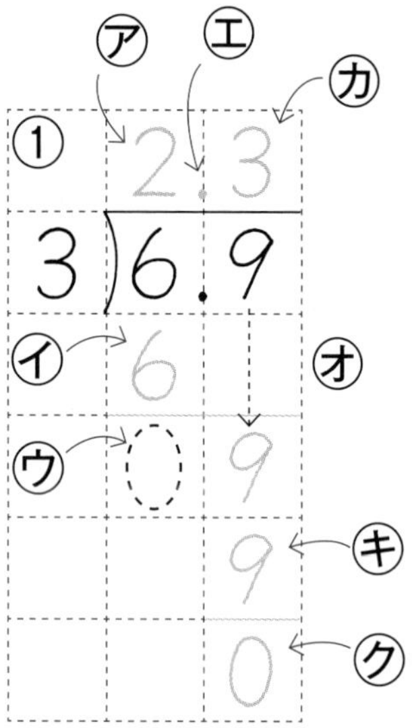

㋐ 6÷3＝2を考え、一の位(くらい)に商をたてます。**(たてる)**

㋑ 3×2＝6 **(かける)**

㋒ 6－6＝0 **(ひく)**
(この0はかかない。)

㋓ 2の右に小数点を打ちます。

㋔ 9をおろします。**(おろす)**

㋕ 9の上に商をたてます。**(たてる)**

㋖ 3×3＝9 **(かける)**

㋗ 9－9＝0 **(ひく)**

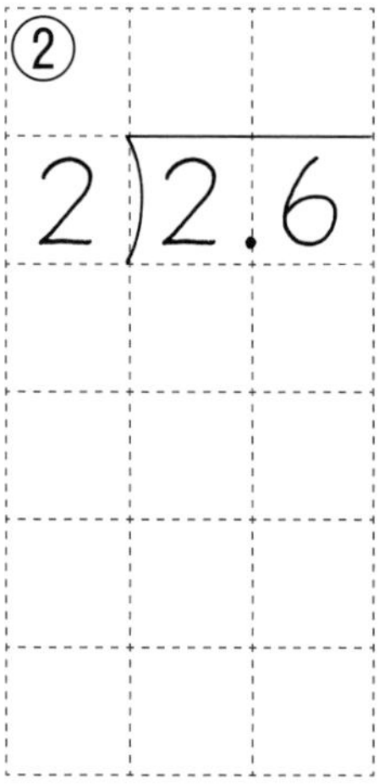

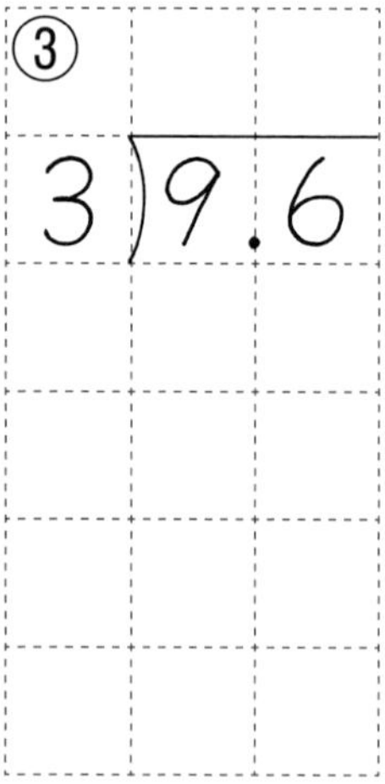

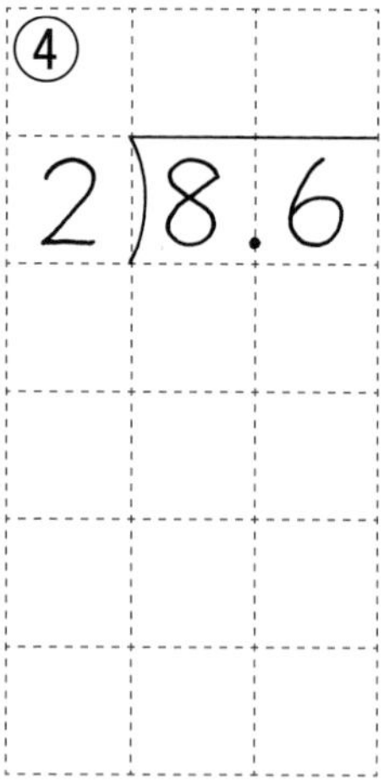

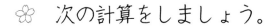

月　　日

小数を整数でわる (2)

名前

✿ 次の計算をしましょう。

①

$$\begin{array}{r} 0.9 \\ 87\overline{)78.3} \\ 78\,3 \\ \hline 0 \end{array}$$

㋐ 78÷87 はできないので、一の位の8の上に0をかきます。

㋑ 0の右に小数点を打ちます。

㋒ 78÷8 を考え、9をたてる

㋓ 87×9を計算します。かける

㋔ 783−783 を計算します。ひく

② $47\overline{)18.8}$

③ $53\overline{)21.2}$

④ $78\overline{)46.8}$

⑤ $98\overline{)39.2}$

⑥ $84\overline{)58.8}$

⑦ $68\overline{)40.8}$

月　日

小数を整数でわる (3)

名前

✿ $\frac{1}{10}$の位(くらい)（小数第一位(だいいちい)）まで計算して、あまりも求(もと)めましょう。

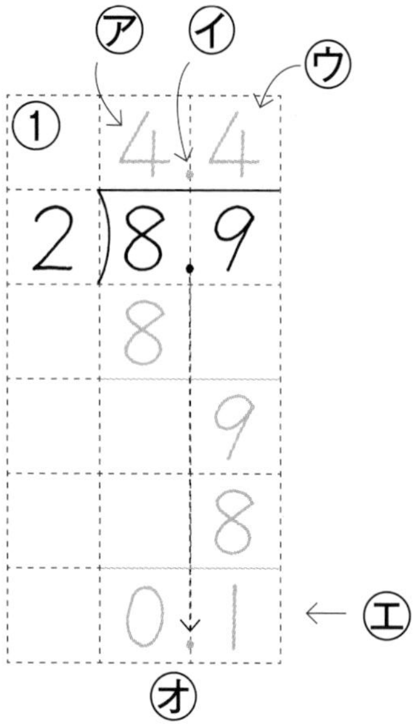

ア　一の位に、4をたてて、計算します。

イ　小数点を打ちます。

ウ　$\frac{1}{10}$の位に、4をたてて、計算します。

エ　9－8を計算します。

オ　8.9の**小数点**を、あまりの数までおろします。あまりは、**0.1**。

② 4)7.3

③ 6)8.2

④ 3)5.5

⑤ 5)7.2

小数を整数でわる (4)

月　　日

名前

✿ $\frac{1}{10}$の位（小数第一位）まで計算して、あまりも求めましょう。

① 31)74.8

　　2.4
31)74.8
　 62
　 128
　 124
　 　0.4

② 12)42.6

③ 16)29.7

④ 32)44.4

⑤ 45)32.6

　　0.7
45)32.6

⑥ 62)48.9

小数を整数でわる (5)

月　日

名前

✿ わり切れるまで計算しましょう。

① $5\overline{)3}$

② $4\overline{)2}$

③ $2\overline{)1}$

④ $2\overline{)5}$

⑤ $4\overline{)6}$

⑥ $5\overline{)7}$

⑦ $8\overline{)2}$

⑧ $6\overline{)21}$

⑨ $4\overline{)17}$

四角形 (1)

名前　　　　　　月　　日

直角に交わる２本の直線は、
垂直（すいちょく）であるといいます。

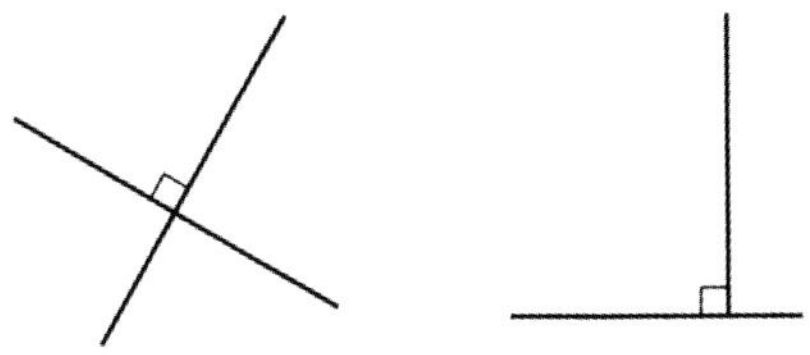

1　直線Aに垂直な直線の記号に○をつけましょう。

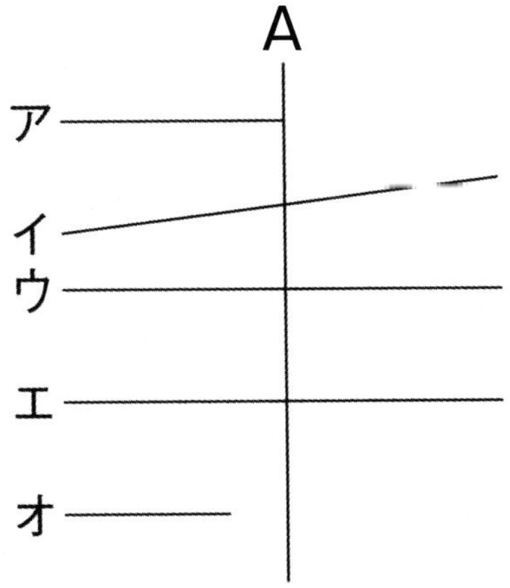

2　三角じょうぎを使って、点**ア**を通り
直線**イ**に垂直な直線をかきましょう。

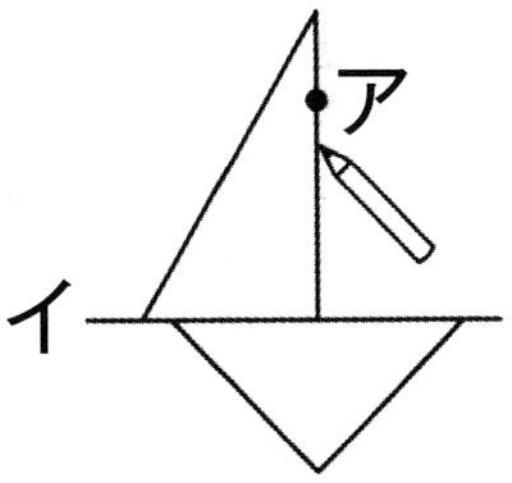

①

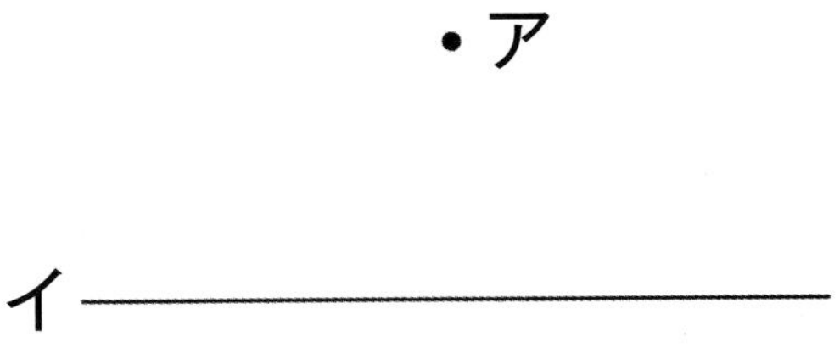

②

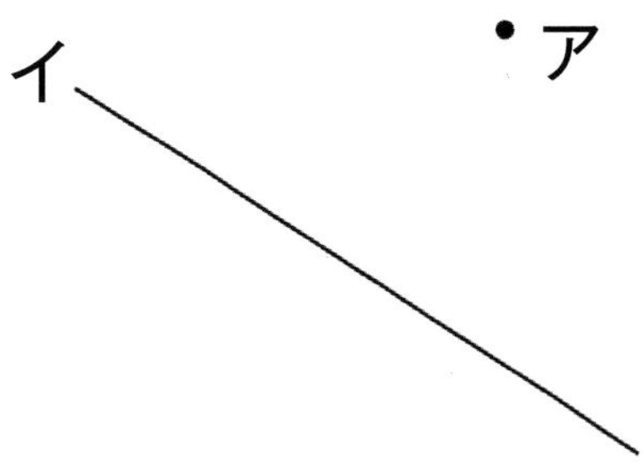

月　　日

四角形 (2)

名前

1本の直線に垂直(すいちょく)な2本の直線は **平行** であるといいます。

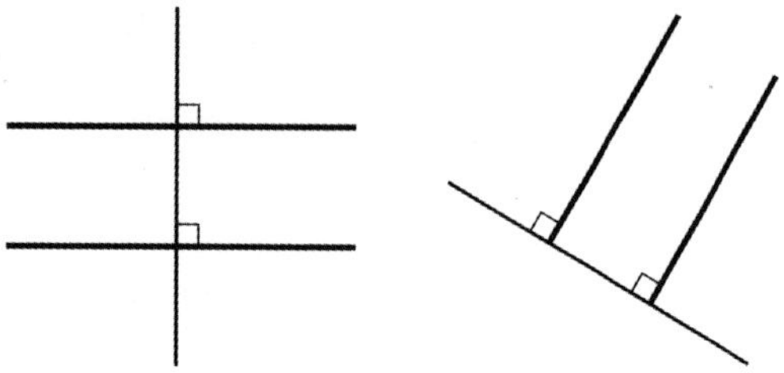

1　下の図で、平行になっている直線は、どれとどれですか。

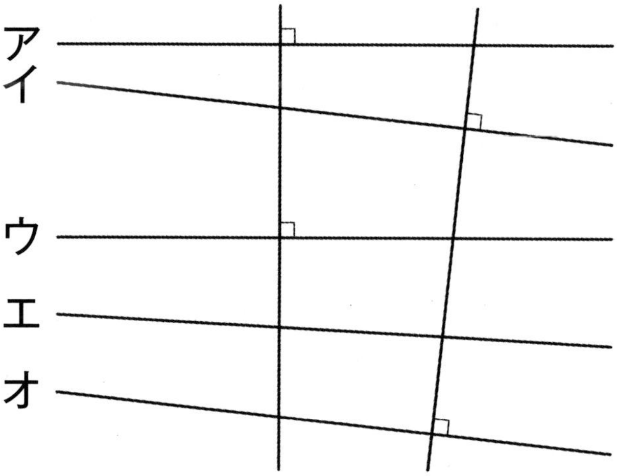

（　　と　　）

（　　と　　）

2　三角じょうぎを使って、点**ア**を通り直線**イ**に平行な直線をかきましょう。

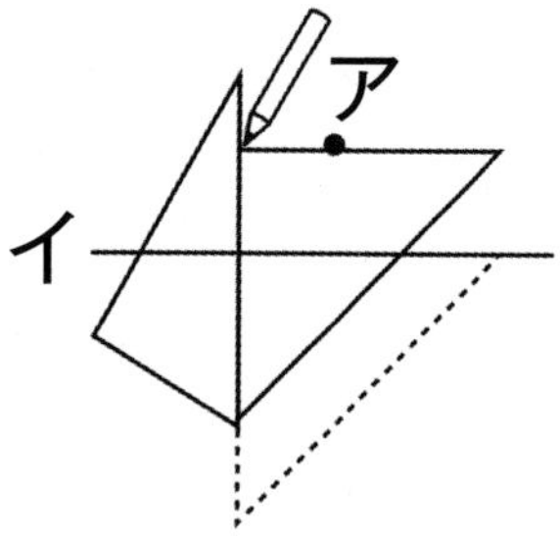

①

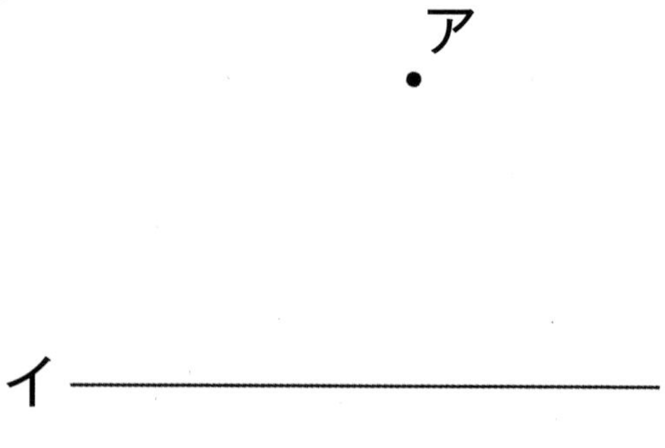

②

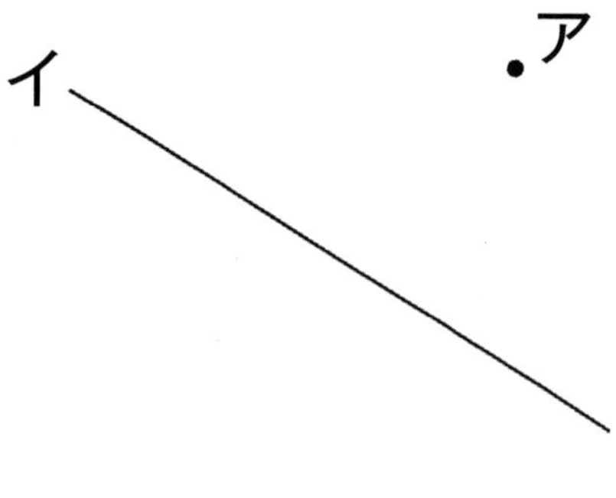

月　日

四角形 (3)

名前

✿ 平行四辺形をかきましょう。

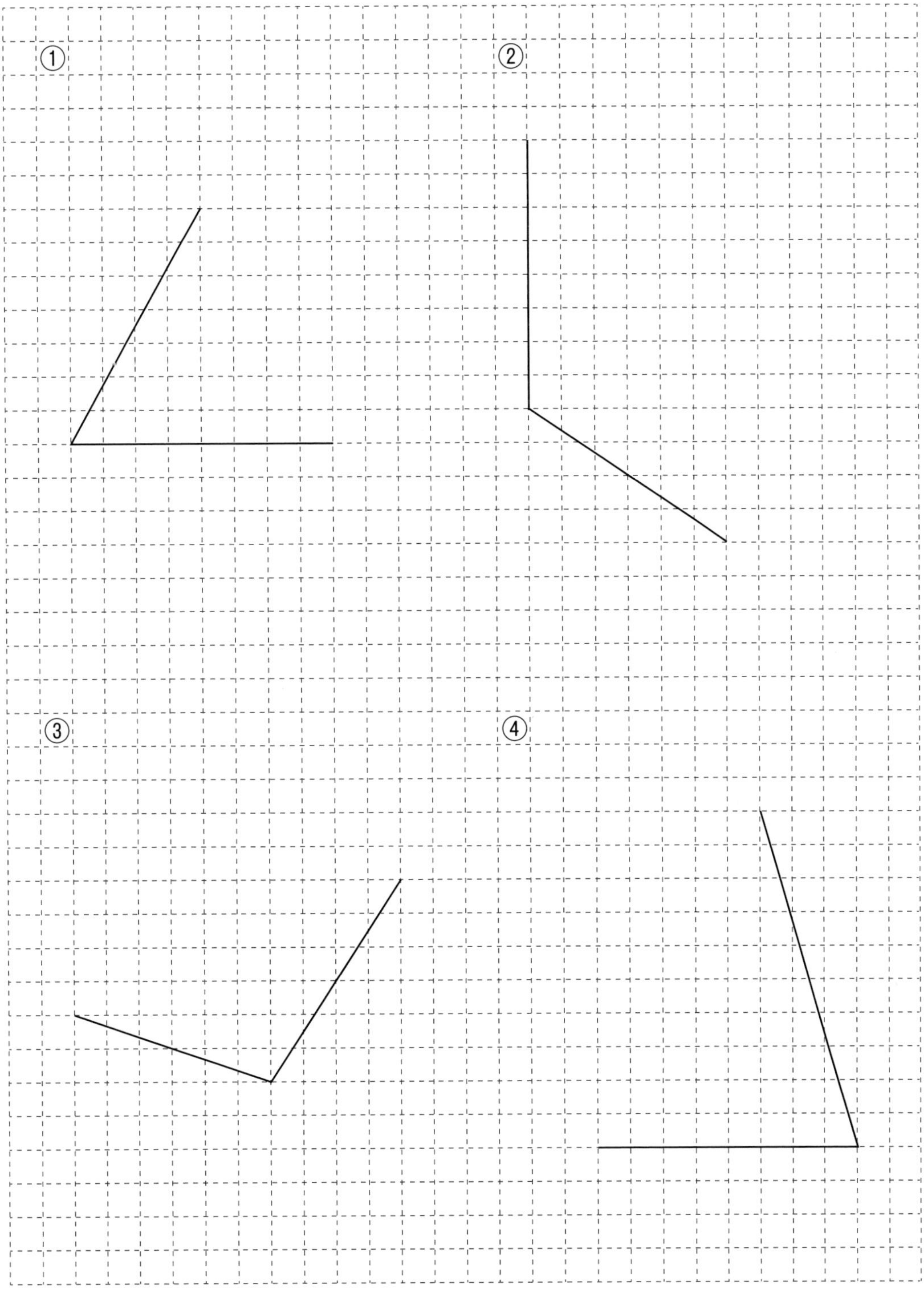

四角形 (4)

月　　日

名前

✿ コンパスと分度器を使って平行四辺形をかきましょう。

① 2辺の長さが4cm、6cmで、その間の角が65°

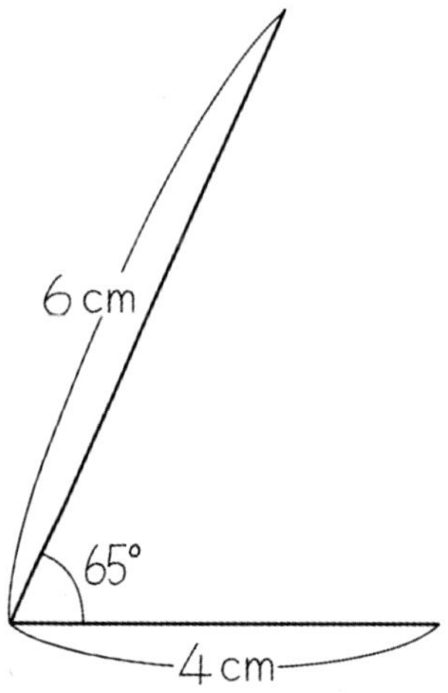

② 2辺の長さが5cm、4cmで、その間の角が70°

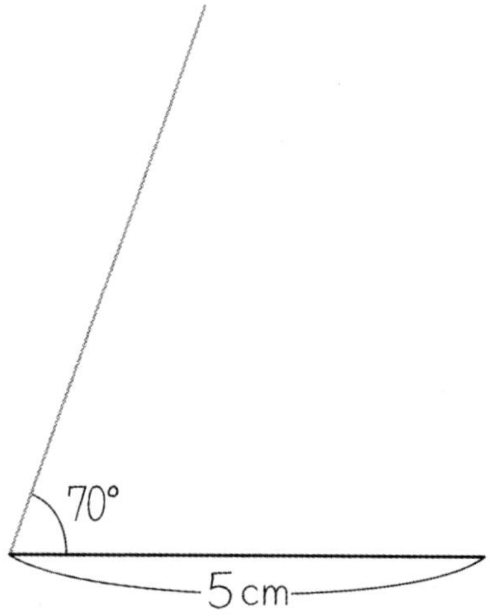

③ 2辺の長さが5cm、3cmで、その間の角が80°

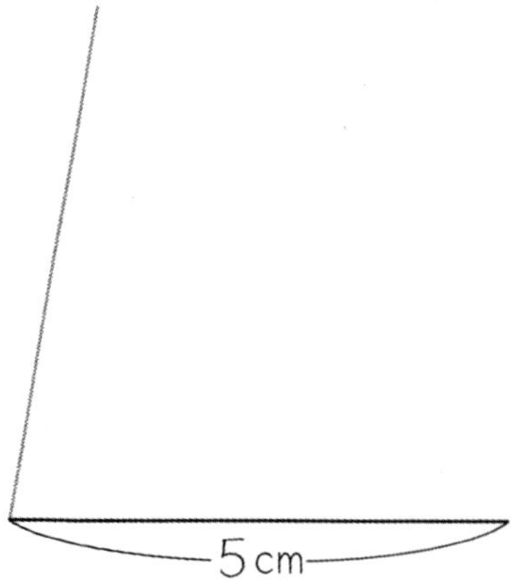

② 2辺の長さが4cm、5cmで、その間の角が120°

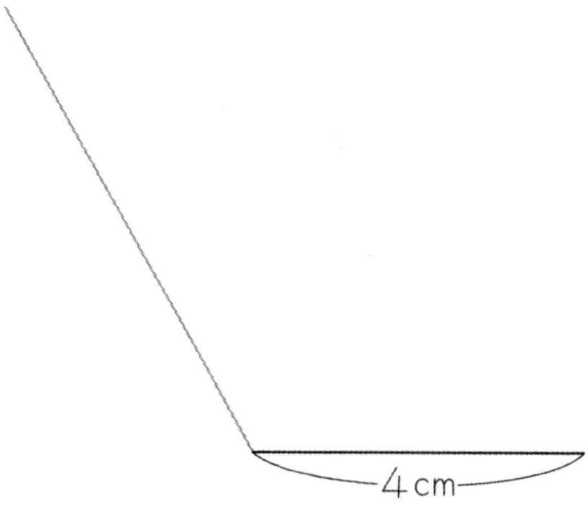

四角形 (5)

名前　　　　　　　月　　日

　４つの辺の長さが等しい四角形を **ひし形** といいます。
　ひし形の対角線は垂直に交わります。

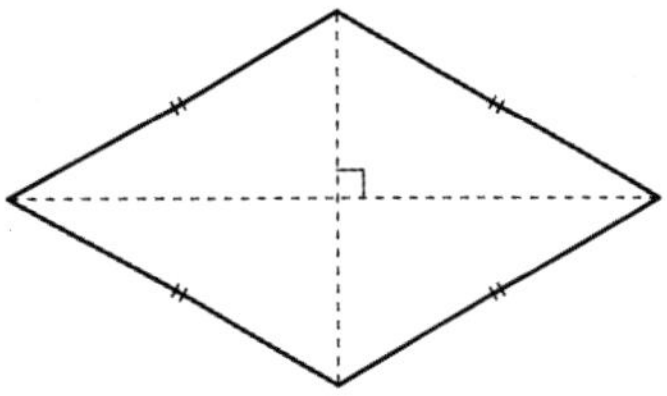

1　コンパスを使って、ひし形をかきましょう。

①

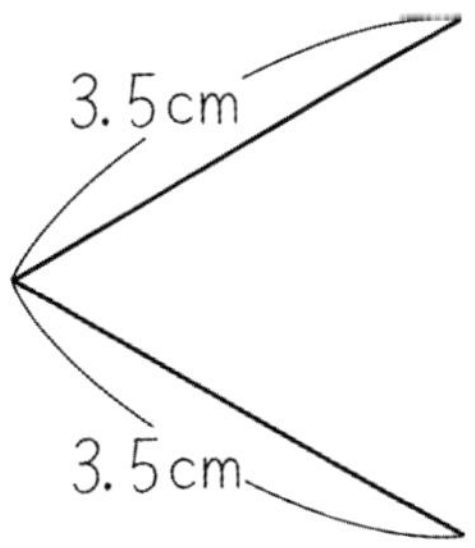

②

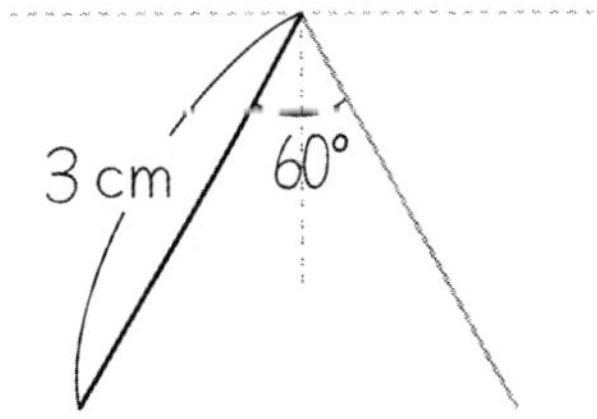

2　次のひし形をかきましょう。

①　対角線の長さが５cm、３cmのひし形

②　対角線の長さが６cm、４cmのひし形

四角形 (6)

月　日

名前

1 次の四角形の名前を（　　）にかき、図に対角線をかきましょう。

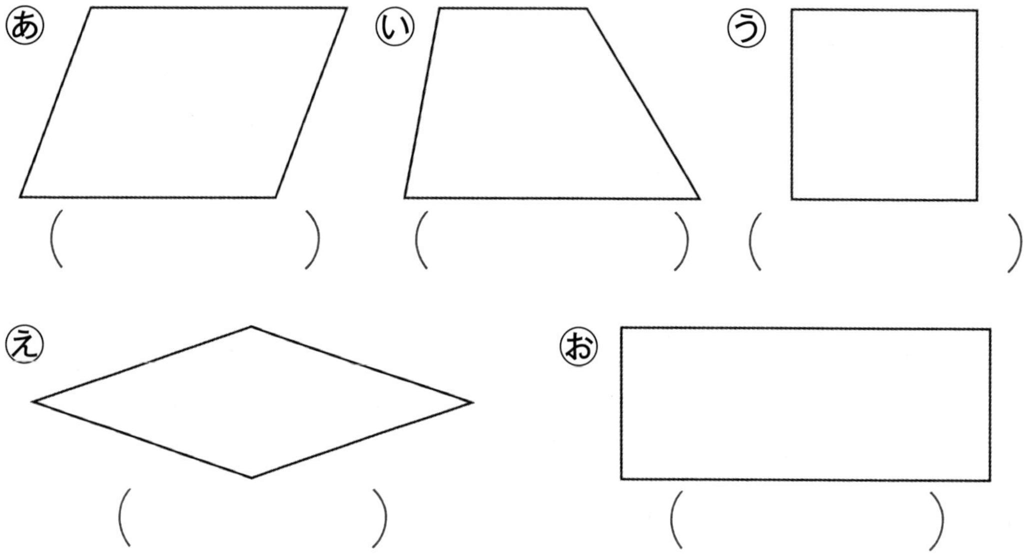

2 上の四角形の記号で答えましょう。

① 対角線の長さが等しいものはどれですか。

答え ＿＿＿＿＿＿

② 対角線が垂直（すいちょく）に交わるのはどれですか。

答え ＿＿＿＿＿＿

③ 平行な辺が２組のものはどれですか。

答え ＿＿＿＿＿＿

④ 平行な辺が１組だけのものはどれですか。

答え ＿＿＿＿＿＿

月　　日

直方体と立方体 (1)

名前

右のような長方形や正方形でかこまれた箱のような形を **直方体** といいます。

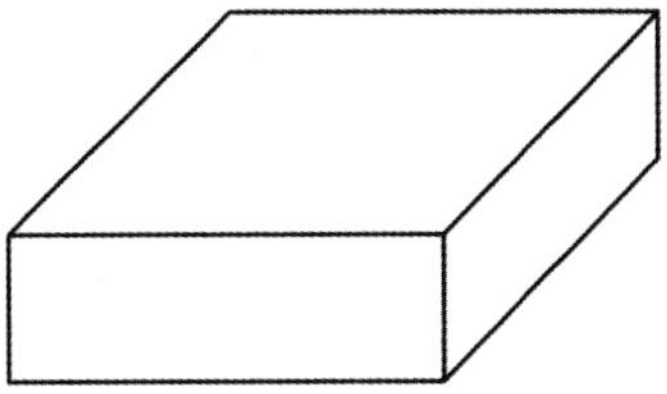

正方形だけでかこまれた、さいころのような形を **立方体** といいます。

立体図形で、見えない部分を点線でかいたものを **見取図** といいます。

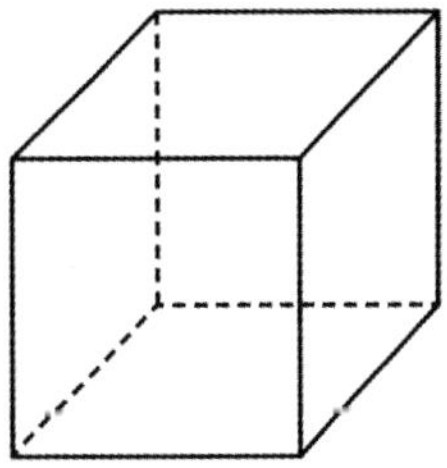

1 直方体や立方体の面の数、辺の数、ちょう点の数を求(もと)めましょう。

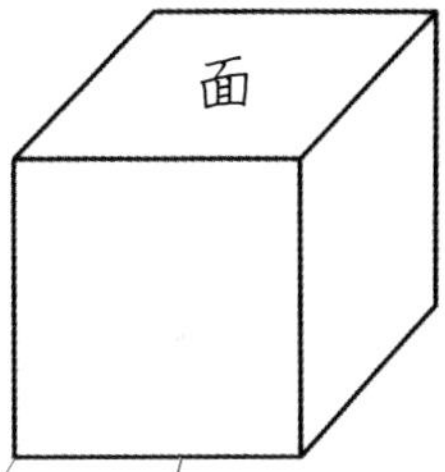

	面の数	辺の数	ちょう点の数
直方体			
立方体			

2 右の直方体の辺の長さを求めましょう。

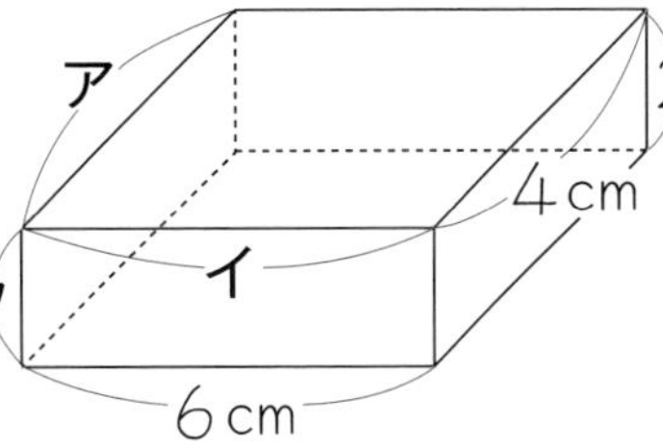

辺アの長さ ______

辺イの長さ ______

辺ウの長さ ______

月　日

直方体と立方体 (2)

名前

✿　立体の見取図の続きをかきましょう。

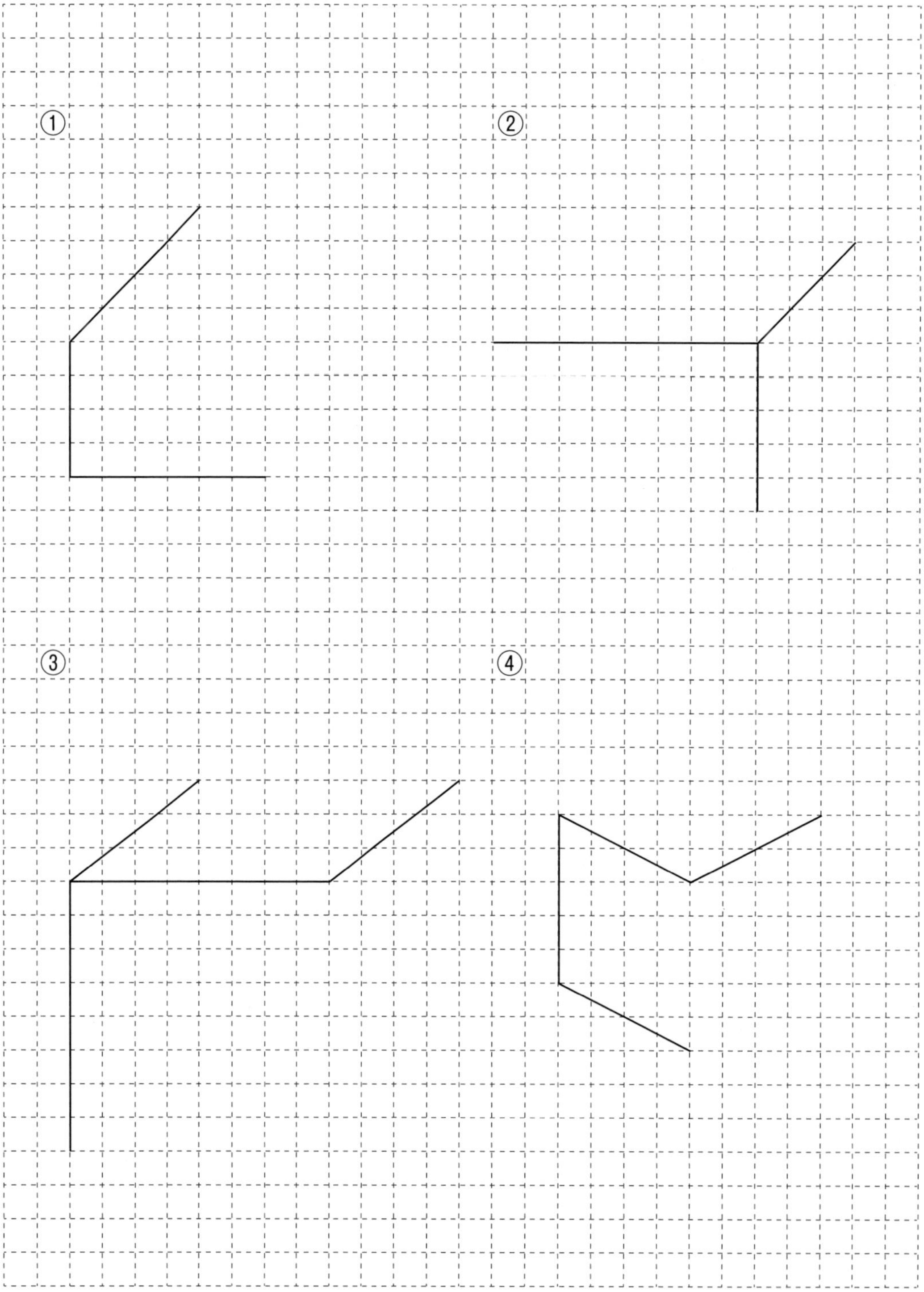

月　日

直方体と立方体 (3)

名前

1 立体を辺にそって切り開いた図を**展開図**（てんかいず）といいます。
右の直方体の展開図をかきましょう。

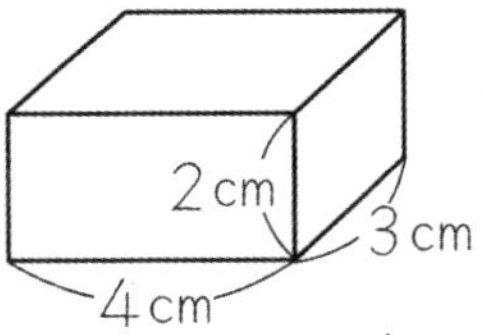

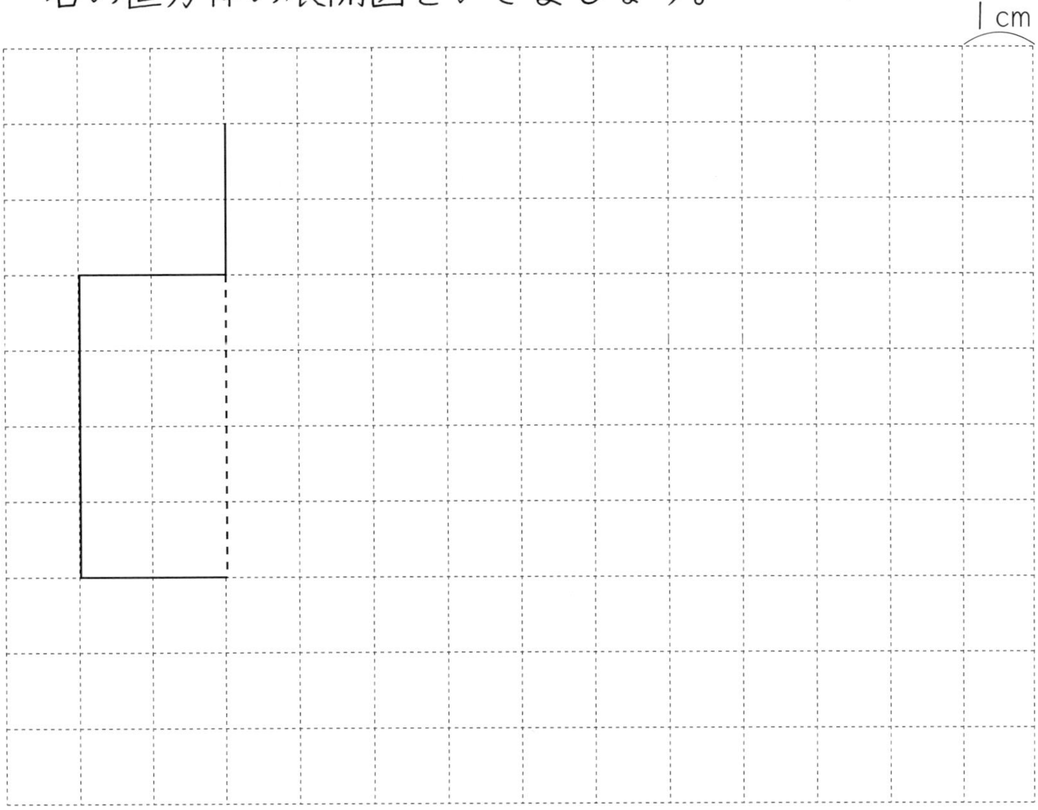

2 立方体の展開図として、正しいものを3つ選（えら）びましょう。

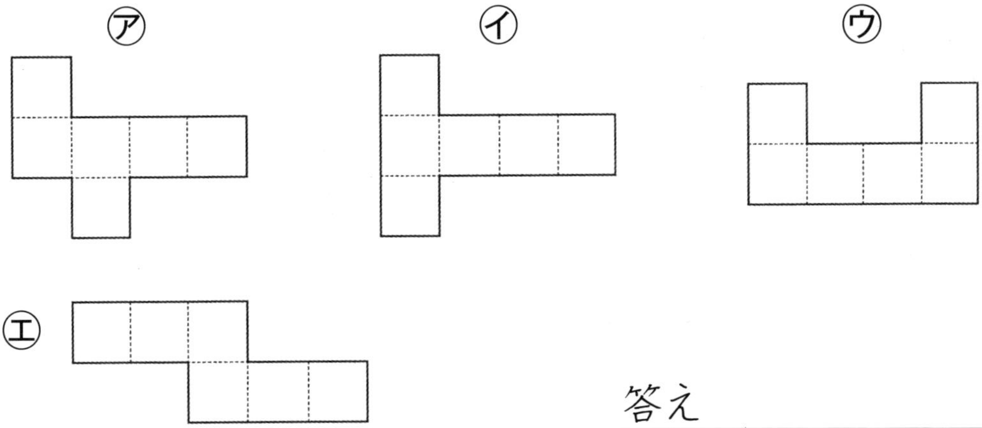

答え

月　　日

直方体と立方体 (4)

名前

1 辺（へん）と辺の関係（かんけい）について調べましょう。

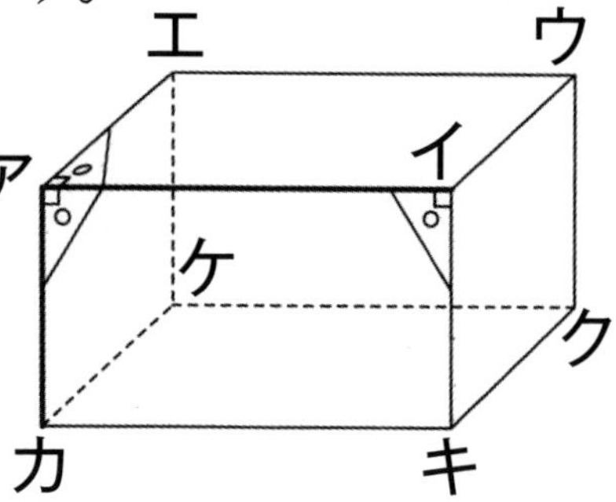

辺アイと辺アカは垂直（すいちょく）です。

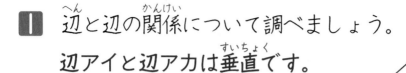

① **辺アイ**と垂直な直線を全部かきましょう。

（辺アカ）

（辺　　）（辺　　）（辺　　）

② **辺アカ**と垂直な直線を全部かきましょう。

（辺　　）（辺　　）（辺　　）（辺　　）

2 辺と辺の関係について調べましょう。

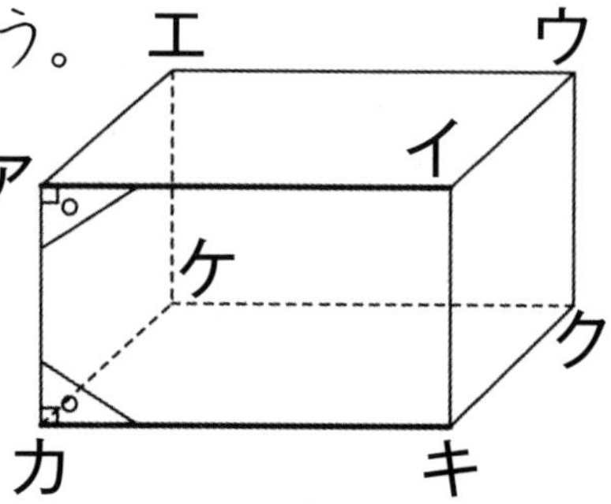

辺アイと辺カキは平行です。

① **辺アイ**と平行な直線を全部かきましょう。

（辺カキ）（辺　　）（辺　　）

② **辺アカ**と平行な直線を全部かきましょう。

（辺　　）（辺　　）（辺　　）

③ **辺イウ**と平行な直線を全部かきましょう。

（辺　　）（辺　　）（辺　　）

直方体と立方体 (5)

名前

1 辺と面の関係について調べましょう。

面ⓐと辺イキは垂直です。

面ⓐと垂直な辺を全部かきましょう。

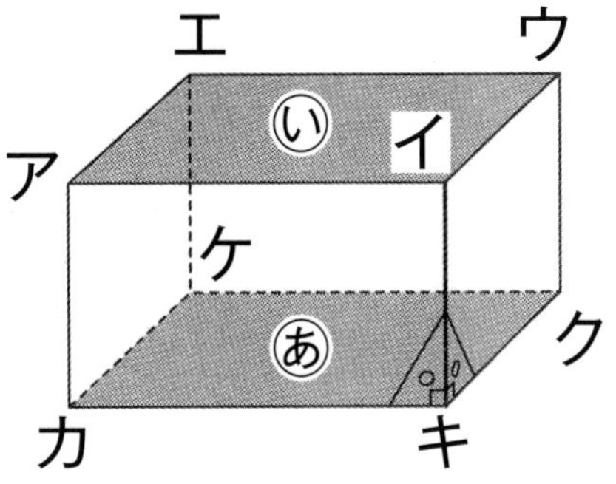

（辺イキ）（辺　　）

（辺　　）（辺　　）

2 面と面の関係について調べましょう。

面ⓐと面ⓤは垂直です。

面ⓐと垂直な面を全部かきましょう。

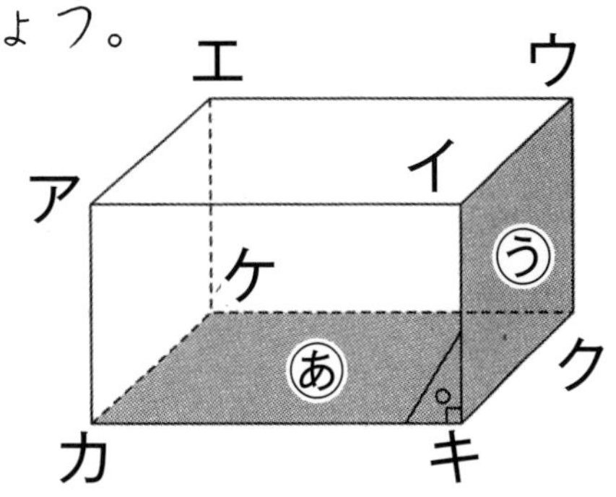

面ⓤは（面イキクウ）

（面アカキイ）（面　　）（面　　）

3 面と面の関係について調べましょう。

面ⓐと面ⓘは平行です。

① 面**アカキイ**と平行な面をかきましょう。

（面　　）

② 面**イキクウ**と平行な面をかきましょう。

（面　　）

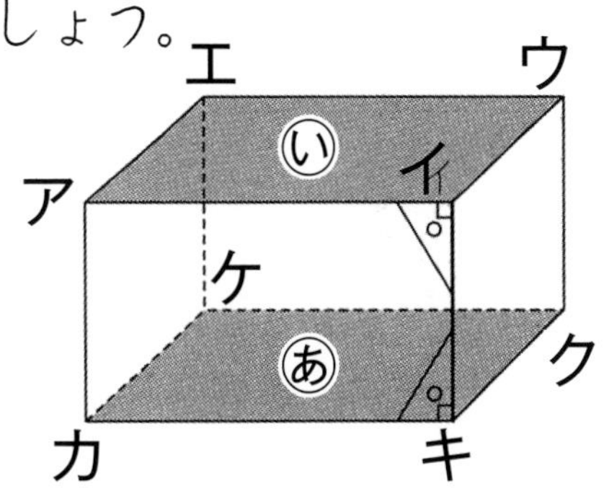

直方体と立方体 (6)

名前

1 展開図(てんかいず)を見て答えましょう。

この展開図を組み立てました。

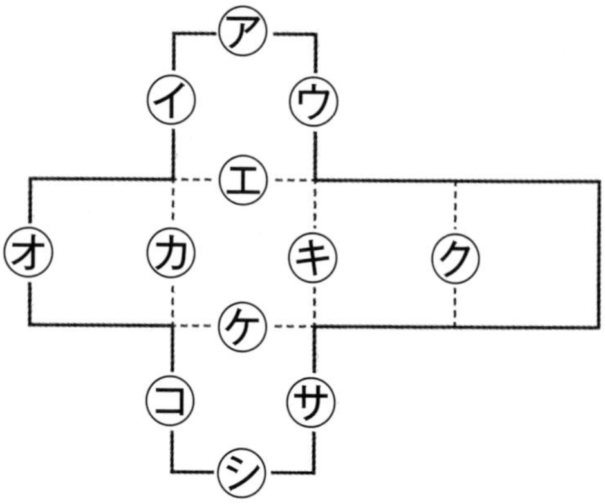

① ㋕と平行になる辺(へん)は、どれですか。

(　　　)(　　　)(　　　)

② ㋕と垂直(すいちょく)になる辺は、どれですか。

(　　　)(　　　)(　　　)(　　　)

2 展開図を組み立てました。

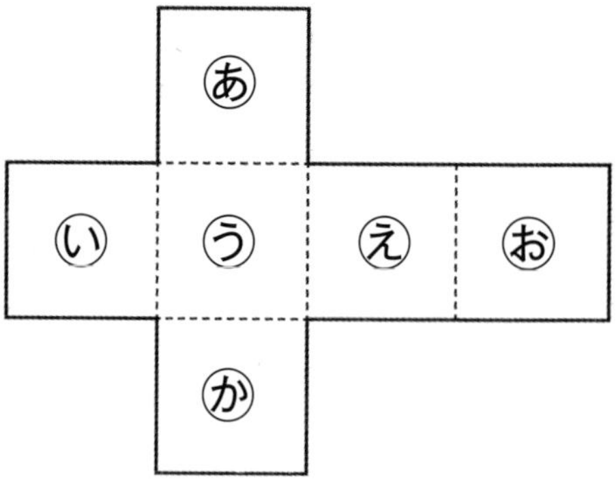

① 面㋒と垂直になる面は、どれですか。

(　　　)(　　　)

(　　　)(　　　)

② 面㋒と平行になる面は、どれですか。

(　　　)

位置の表し方 (1)

名前　　　月　　日

① **ア**をもとにする場所として、マイクロホンの足㋐の位置を（横□m、たて□m）のように数の組で表しましょう。

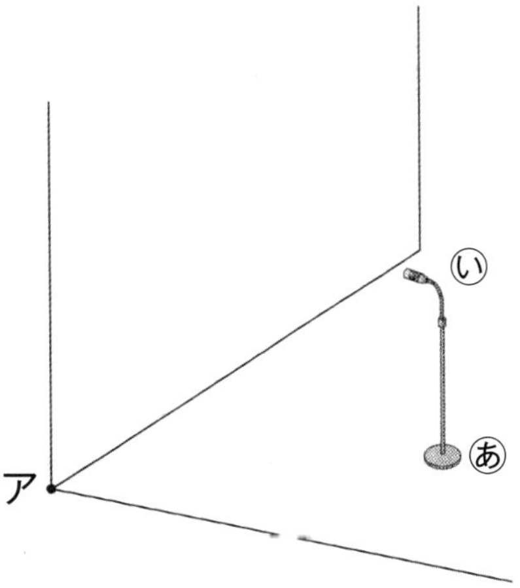

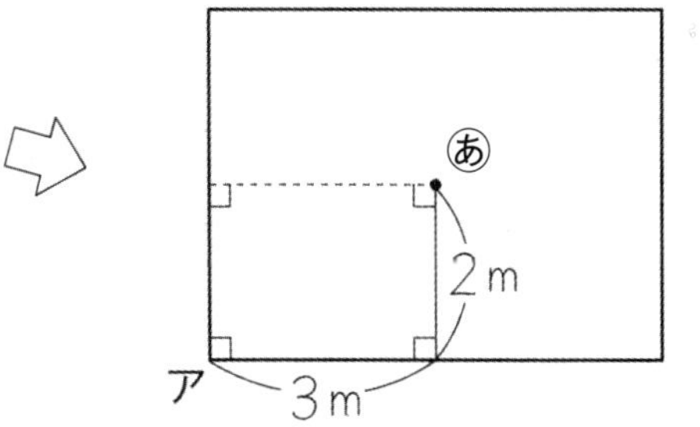

横(　　　)m　たて(　　　)m

② ㋑は、ゆかから１mの高さにあります。

アをもとにする場所として㋑の位置を表しましょう。

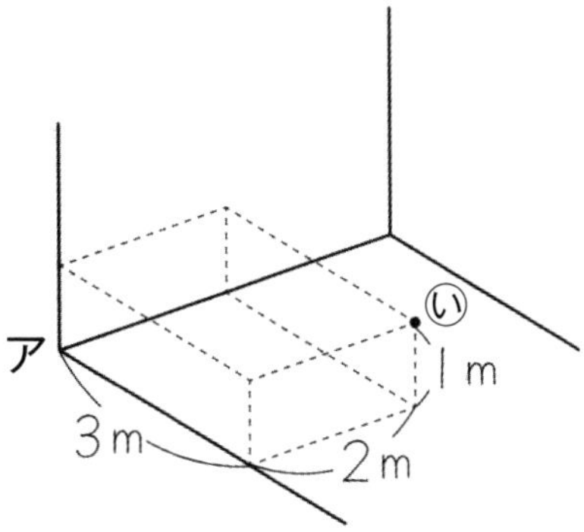

（㋑の位置を、左のような直方体のちょう点の位置として考えます。）

横(　　　)m　たて(　　　)m　高さ(　　　)m

位置の表し方 (2)

月　　日

名前

1 直方体のちょう点の位置(いち)を**ア**をもとに数の組で表しましょう。

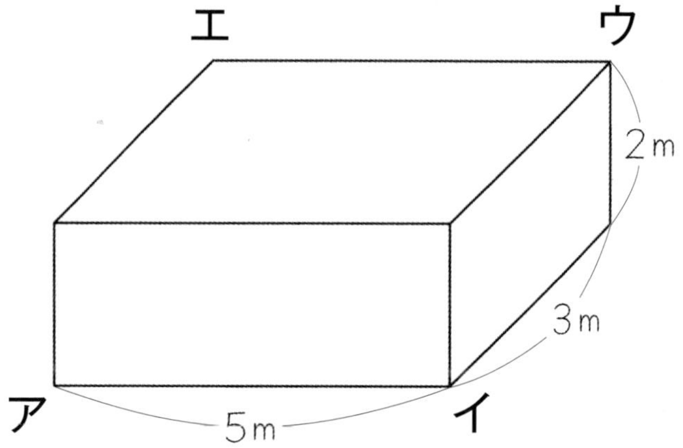

ちょう点**イ**　横(　　　)m　たて(　　　)m　高さ(　　　)m

ちょう点**ウ**　横(　　　)m　たて(　　　)m　高さ(　　　)m

ちょう点**エ**　横(　　　)m　たて(　　　)m　高さ(　　　)m

2 電灯(でんとう)の位置を、**ア**をもとにして（横、たて、高さ）の数の組で表しましょう。

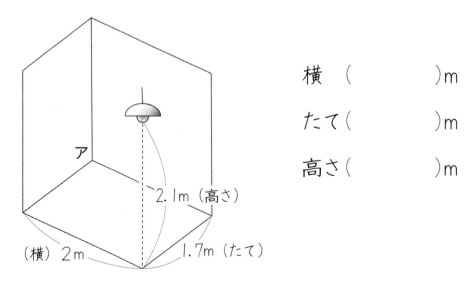

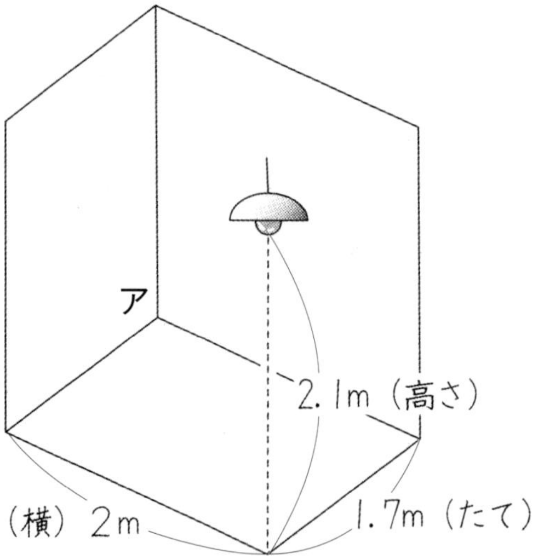

横　(　　　　)m

たて(　　　　)m

高さ(　　　　)m

答　え

〔P. 3〕

1

①	4	5	7	9	3
②	2	5	3	0	7
③	4	0	6	0	5

2

①			5	7	2	9	8	6
②		8	4	5	7	1	3	9
③		3	5	0	6	8	0	9
④	1	2	6	5	8	7	0	4

〔P. 4〕

1

①		8	6	9	0	0	7	5	8	2	3	4
②	3	4	5	0	2	6	7	9	5	8	0	1

2

①		3	1	6	4	7	2	0	0	3	8	9	6	4	5
②	6	6	4	0	1	8	3	2	9	7	5	3	1	2	5

〔P. 5〕

① 六千四百九十七億二千四百九十万千三百八十五
② 九千二百三十二億八千百四十七万五千百六十三
③ 四百二十七兆八千九百八十六億千二百三十五
④ 九百八十七兆五千四百三十億三千二百五十万

〔P. 6〕

① 3000000000
② 280007300000
③ 539053403900000

〔P. 7〕

① 320億　② 5460億
③ 3070億　④ 5億
⑤ 400兆　⑥ 37兆8000億

〔P. 8〕

① 40万　② 25兆
③ 3000万　④ 6億
⑤ 5兆8000億　⑥ 2億300万

〔P. 9〕

1 ① 五百四十三兆二千百五十六億九千八百五十一万二千
② 七千四百六十七兆二千百四十七億五千九百十二万八千五百四十一

2 ① 327600547250000
② 6789234500009753

3 ① 22兆2000億　② 700兆
③ 4兆3900億

4 ① 3億　② 47兆
③ 200億

〔P. 10〕

① 16　② 14　③ 29

〔P. 11〕

① 64　② 99　③ 98

〔P. 12〕

① 144あまり1　② 175あまり4
③ 482あまり1

〔P. 13〕

① 208あまり3　② 204あまり2
③ 106あまり4　④ 308あまり1
⑤ 102あまり5　⑥ 108あまり2

〔P. 14〕

① 130あまり5　② 130あまり3
③ 120あまり5　④ 320あまり2
⑤ 210あまり3　⑥ 340あまり1

〔P. 15〕

① 77あまり7　② 43あまり1
③ 46あまり6　④ 66あまり3
⑤ 97あまり2　⑥ 87あまり3

〔P. 16〕

① 86　② 87
③ 59あまり2　④ 77あまり1
⑤ 106あまり3　⑥ 305あまり2

〔P. 17〕

1 ① 3, 1, 4
② 4, 1, 9
③ 1, 0.1, 0.01
④ 1, 0.1, 0.01

2 ① 6 ② 5 ③ 2
④ 8 ⑤ 4

〔P. 18〕
① 5.7 ② 8.7
③ 9.708 ④ 5.194
⑤ 4.77 ⑥ 5.125
⑦ 4.735 ⑧ 8.029

〔P. 19〕
① 6 ② 0.2
③ 6.35 ④ 1.692
⑤ 2.531 ⑥ 4.08
⑦ 3.429 ⑧ 1.252

〔P. 20〕
1 ① 2.7 ② 3.273
③ 16 ④ 24.96
2 ① 3.54 ② 24.22
③ 40.94 ④ 6.907

〔P. 21〕
帯分数 ㋐ $1\frac{1}{6}$ ㋑ $1\frac{5}{6}$

仮分数 ㋐ $\frac{7}{6}$ ㋑ $\frac{11}{6}$

〔P. 22〕
1 ① $\boxed{1}\frac{\boxed{3}}{4}$ ② $\boxed{1}\frac{\boxed{3}}{8}$
③ $\boxed{1}\frac{\boxed{4}}{5}$ ④ $\boxed{2}\frac{\boxed{1}}{6}$

2 ① $\frac{\boxed{7}}{5}$ ② $\frac{\boxed{9}}{7}$
③ $\frac{\boxed{11}}{4}$ ④ $\frac{\boxed{17}}{6}$

〔P. 23〕
① $\frac{4}{3}$ ② $\frac{11}{7}$ ③ $\frac{6}{5}$ ④ $\frac{15}{9}$
⑤ $\frac{5}{4}$ ⑥ $\frac{11}{8}$ ⑦ $\frac{9}{7}$ ⑧ $\frac{13}{9}$

〔P. 24〕
① $\frac{3}{4}$ ② $\frac{5}{8}$ ③ $\frac{4}{7}$ ④ $\frac{7}{9}$
⑤ $\frac{4}{5}$ ⑥ $\frac{3}{4}$ ⑦ $\frac{5}{6}$ ⑧ $\frac{6}{7}$

〔P. 25〕
1 $\frac{\boxed{2}}{\boxed{6}}$, $\frac{\boxed{3}}{\boxed{9}}$, $\frac{\boxed{4}}{\boxed{12}}$

2 ① $\frac{\boxed{2}}{8}$, $\frac{\boxed{3}}{12}$, $\frac{\boxed{4}}{16}$, $\frac{\boxed{5}}{20}$
② $\frac{6}{\boxed{8}}$, $\frac{9}{\boxed{12}}$, $\frac{12}{\boxed{16}}$, $\frac{15}{\boxed{20}}$
③ $\frac{4}{\boxed{10}}$, $\frac{6}{\boxed{15}}$, $\frac{\boxed{8}}{20}$, $\frac{10}{\boxed{25}}$
④ $\frac{\boxed{10}}{12}$, $\frac{15}{\boxed{18}}$, $\frac{\boxed{20}}{24}$, $\frac{25}{\boxed{30}}$

〔P. 26〕
① $1\frac{3}{5}$ ② $1\frac{4}{7}$ ③ $1\frac{3}{11}$ ④ $1\frac{3}{13}$
⑤ $1\frac{4}{9}$ ⑥ $\frac{2}{3}$ ⑦ $\frac{2}{5}$ ⑧ $\frac{5}{7}$
⑨ $\frac{7}{9}$ ⑩ $\frac{8}{11}$

〔P. 27〕
① 1900
② 900 ③ 700
④ 6600 ⑤ 7100
⑥ 7300 ⑦ 5700
⑧ 5100 ⑨ 7000

〔P. 28〕
1 ① 13000
② 2000 ③ 4000
④ 43000 ⑤ 30000

2 ① 70000　② 70000
③ 250000　④ 600000

〔P. 29〕

1 ① 8500
② 3600　③ 8200
④ 7700　⑤ 5400
⑥ 38000　⑦ 23000

2 ① 45700　② 32400
③ 275000　④ 693000

〔P. 30〕

1 ① 15, 16, 17, 18, 19, 20, 21, 22, 23, 24
② (15)以上(25)未満の数
③ なりません

2 (25)以上，(35)未満の数

3 15000，15253，15499，14500，14999

〔P. 31〕

1 ②，④，⑤

2 ① 20000
② 10000
③ 5000

〔P. 32〕

1 ① 4500万人
② 6600万人
③ 9500万人
④ 12500万人（1億2500万人）
⑤ 12700万人（1億2700万人）

2 ① 1局
② 330局
③ 4700局
④ 12000局（1万2000局）
⑤ 14000局（1万4000局）
⑥ 15000局（1万5000局）

〔P. 33〕

① ㋑
② 345＋395＋198＝938となり，買える

〔P. 34〕

1 ① 9000÷50＝180　約180円
② 9120÷48＝190　190円

2 60000÷40＝1500　約1500円

〔P. 35〕

1 ① 3000　② 2000
③ 3600　④ 12000
⑤ 80000　⑥ 500000

2 ① 30　② 40

〔P. 36〕

1 ① ㋑　② ㋐

2 ㋑→㋐→㋒

〔P. 37〕

① 40°　② 60°　③ 70°
④ 120°　⑤ 150°

〔P. 38〕

① 45°　② 60°　③ 90°
④ 140°　⑤ 160°

〔P. 39〕

① 90°　② 90°　③ 180°
④ 180°　⑤ 360°

〔P. 40〕

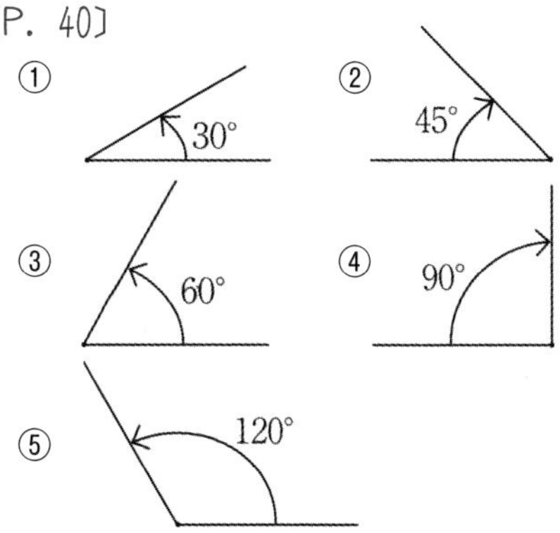

〔P. 41〕

① 90°　② 45°　③ 45°
④ 90°　⑤ 30°　⑥ 60°
⑦ 90°　⑧ 45°　⑨ 45°
⑩ 90°　⑪ 30°　⑫ 60°
⑬ 45°　⑭ 45°　⑮ 90°
⑯ 90°　⑰ 60°　⑱ 30°

〔P. 42〕

① 90+45=135　135°
② 180−30=150　150°
③ 30+90=120　120°
④ 30+45=75　75°
⑤ ㋐ 90−45=45　45°
　㋑ 45−30=15　15°

〔P. 43〕

1 ① 30°　② 80°

2 ①　②

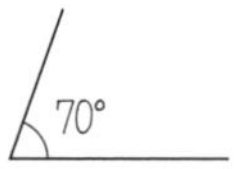

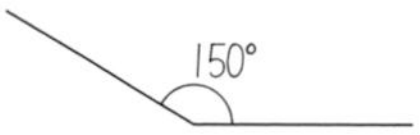

3 60+45=105　105°

〔P. 44〕

①　②

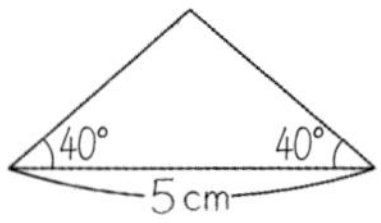

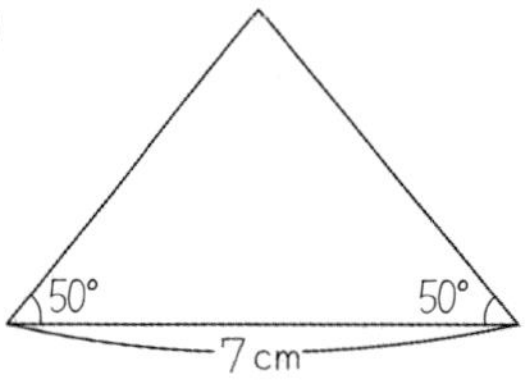

〔P. 45〕

①　②

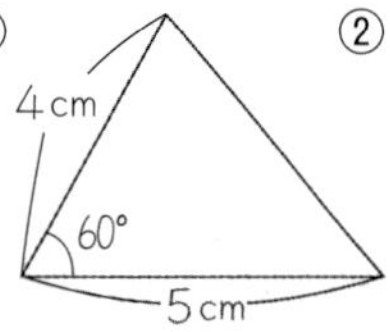

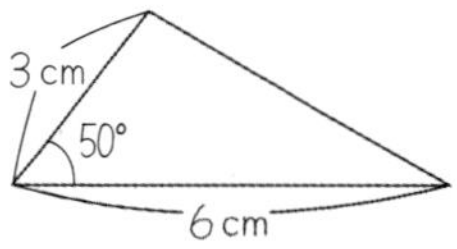

〔P. 46〕

しょうりゃく

〔P. 47〕

① 2　② 4　③ 3
④ 3　⑤ 4　⑥ 3
⑦ 3　⑧ 3　⑨ 2
⑩ 2　⑪ 3　⑫ 3

〔P. 48〕

① 2あまり4　② 1あまり3
③ 2　④ 6あまり1
⑤ 2　⑥ 2あまり2
⑦ 2　⑧ 2あまり3
⑨ 2　⑩ 2あまり5
⑪ 2　⑫ 2あまり5

〔P. 49〕

しょうりゃく

〔P. 50〕

① 4　② 7　③ 6　④ 4
⑤ 6　⑥ 6　⑦ 3　⑧ 9

〔P. 51〕

① 8　② 6　③ 8
④ 5　⑤ 4　⑥ 8　⑦ 6

〔P. 52〕

① 8あまり15　② 5あまり9
③ 6あまり4　④ 6あまり6
⑤ 6あまり3　⑥ 6あまり9
⑦ 5あまり5　⑧ 8あまり10

〔P. 53〕

① 7　② 6　③ 5　④ 6
⑤ 7　⑥ 7　⑦ 7　⑧ 5

〔P. 54〕

① 6あまり14　② 7あまり16
③ 7あまり14　④ 7あまり31
⑤ 7あまり27　⑥ 6あまり21
⑦ 7あまり3　⑧ 5あまり18

〔P. 55〕

① 9　② 9　③ 9
④ 9　⑤ 9　⑥ 9　⑦ 9

〔P. 56〕

① 8あまり16
② 8あまり24　③ 8あまり2
④ 8あまり25　⑤ 8あまり9
⑥ 7あまり11　⑦ 6あまり2

〔P. 57〕

① 14
② 15　③ 12

〔P. 58〕

① 13　② 11
③ 11　④ 23あまり2
⑤ 23あまり12　⑥ 33あまり2

〔P. 59〕

① 26
② 18　③ 28
④ 17　⑤ 37

〔P. 60〕

① 32　② 18　③ 24　④ 24
⑤ 18　⑥ 27

〔P. 61〕

① 59あまり2　② 37あまり11
③ 28あまり11　④ 67あまり5
⑤ 18あまり6　⑥ 28あまり13

〔P. 62〕

① 55あまり7　② 23あまり19
③ 53あまり2　④ 16あまり12
⑤ 27あまり24　⑥ 17あまり27

〔P. 63〕

① 47あまり5　② 25あまり10
③ 28あまり20　④ 38あまり5
⑤ 18あまり24　⑥ 18あまり17

〔P. 64〕

① 20あまり4　② 30あまり23
③ 20あまり10　④ 40あまり13
⑤ 20あまり9　⑥ 30あまり3

〔P. 65〕

① 35　② 38
③ 43　④ 64
⑤ 12　⑥ 54

〔P. 66〕

① 43あまり16　② 72あまり5
③ 82あまり9　④ 36あまり3
⑤ 42あまり21　⑥ 35あまり5

〔P. 67〕

① 8あまり22　② 6あまり7
③ 7あまり15　④ 20あまり7
⑤ 19あまり30　⑥ 19あまり4

〔P. 68〕

1 ① ㋐ 16こ　㋑ 15こ
② ㋐
③ 1 cm^2

2 （しょうりゃく）

〔P. 69〕

① $2\times3=6$　6 cm^2
② $2\times5=10$　10 cm^2
③ $3\times6=18$　18 cm^2
④ $5\times4=20$　20 cm^2

〔P. 70〕

① $4\times4=16$　16 cm^2
② $5\times5=25$　25 cm^2
③ $8\times8=64$　64 cm^2
④ $11\times11=121$　121 cm^2

〔P. 71〕

① $5\times5=25$
$3\times3=9$
$25+9=34$　34 cm^2
② $7\times4=28$
$4\times6=24$
$28+24=52$　52 cm^2
③ $2\times5=10$
$3\times8=24$
$10+24=34$　34 cm^2

〔P. 72〕

① $5\times8=40$
$2\times3=6$
$40-6=34$　34 cm^2
② $7\times10=70$
$3\times6=18$
$70-18=52$　52 cm^2
③ $6\times11=66$
$2\times3=6$
$66-6=60$　60 cm^2

〔P. 73〕

1 $9\times8=72$　72 m^2

2 ① $5\times5=25$　25 m^2
② $5\times8=40$　40 m^2

3 $100\times100=10000$　10000 cm^2

〔P. 74〕

1 $2\times3=6$ $6km^2$

2 $5\times5=25$ $25km^2$

3 $1000\times1000=1000000$ $1000000m^2$

〔P. 75〕

1 $30\times40=1200$

($1200\div100=12$) 12a

2 $50\times60=3000$

($3000\div100=30$) 30a

〔P. 76〕

1 $400\times500=200000$

($200000\div10000=20$) 20ha

2 $800\times700=560000$

($560000\div10000=56$) 56ha

〔P. 77〕

1 $6\times(3+4+3)=6\times10=60$

$2\times4=8$

$60-8=52$ $52cm^2$

2 $4\times4=16$ $16cm^2$

3 $20\times40=800$

($800\div100=8$) 8a

4 $200\times300=60000$

$60000\div10000=6$ 6ha

〔P. 78〕

① １日の気温の変化（晴れの日）

② 気温（温度）

③ 時こく

④ １度

⑤ 午後２時

〔P. 79〕

午前11時～午前12時の間

（午後０時）

〔P. 80〕

① 午後２時　② 午後３時

③ 午後２時　④ 気温

〔P. 81〕

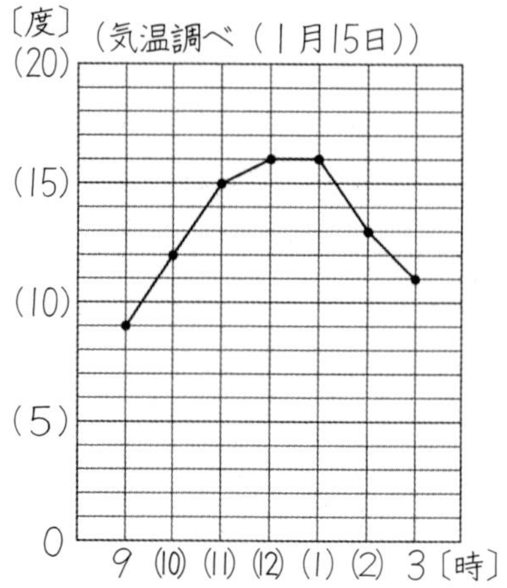

〔P. 82〕

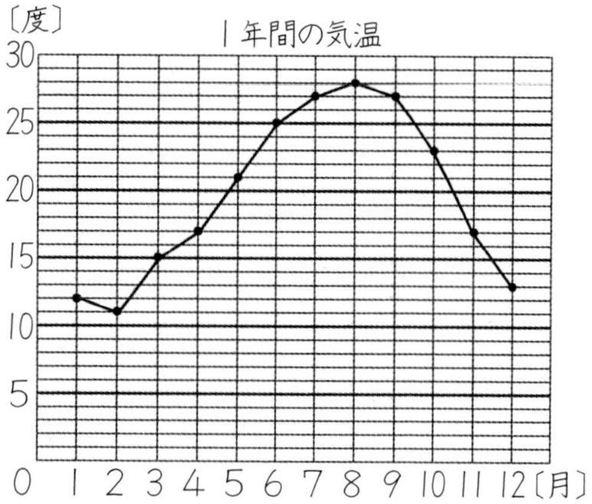

〔P. 83〕

1 ①，③，⑥

2 ① ×　② ○　③ ×

④ ○　⑤ ○

〔P. 84〕

1

三角形の数（こ）	1	2	3	4	5	6	7	8	9
マッチぼうの数(本)	3	5	7	9	11	13	15	17	19

① ２本ずつ　② 21本

2

四角形の数（こ）	1	2	3	4	5	6	7	8	9
マッチぼうの数(本)	4	7	10	13	16	19	22	25	28

① ３本ずつ　② 31本

〔P. 85〕

①

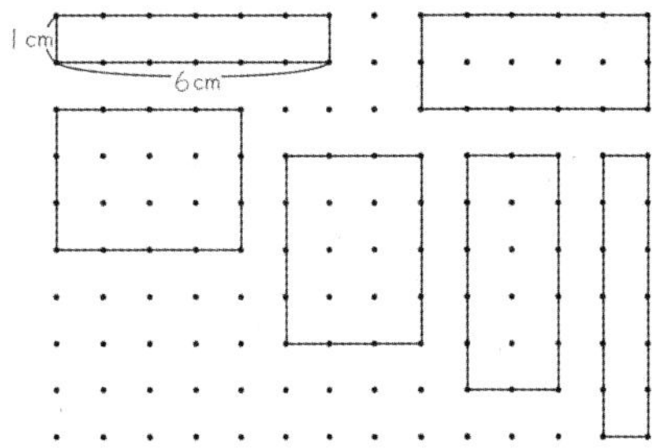

②

たての長さ（cm）	1	2	3	4	5	6
横の長さ（cm）	6	5	4	3	2	1

③ ○＋△＝7

〔P. 86〕

1

わたしの年れい（才）	0	1	2	3	4	5	6	7
お兄さんの年れい（才）	3	4	5	6	7	8	9	10

① わたしとお兄さんの年れい

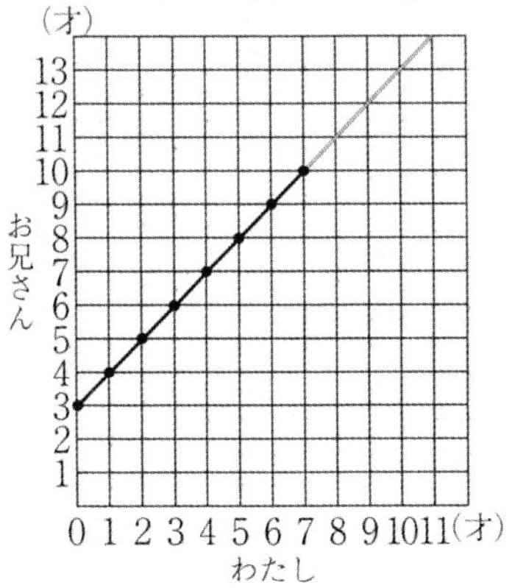

② ○＋3＝□

※（□－3＝○
　　□－○＝3）

③ 10＋3＝13　13さい

2 11＋28＝39　39さい

〔P. 87〕

① 水を入れる時間と
たまった水の量

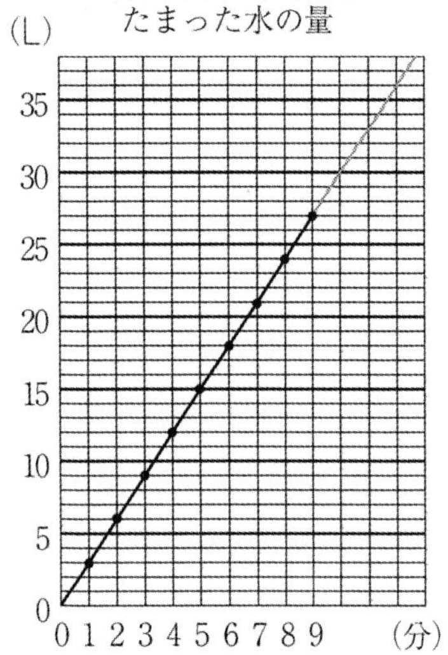

② 3L

③ 3×□－○
　または ○÷□＝3

④ 2倍

⑤ 10分後 30L
　11分後 33L

〔P. 88〕

① 3，5

② 1，7，11

③ 2，8，10

④ ㋐ 2　㋑ 3　㋒ 3
　㋓ 4　㋔ 12

〔P. 89〕

㋐ 13　㋑ 16　㋒ 15

㋓ 14　㋔ 29

① 8人　② 13人

③ 15人　④ 9人

⑤ 29人

〔P. 90〕

① 学年別けがの人数

学年	人数（人）	
	正の字	数字
1年	正 一	6
2年	下	3
3年	正 丅	7
4年	正 一	6
5年	下	3
6年	正	5
合計		30

② けがの種類別人数

けがの種類	人数（人） 正の字	数字
すりきず	正 正 下	13
切りきず	下	3
だぼく	正 一	6
ねんざ	丅	2
つき指	止	4
鼻　血	丅	2
合　計		30

〔P. 91〕

1 けがの場所と学校

学年＼場所	教室	ろうか	体育館	運動場	合計
1 年		丅 2	一 1	下 3	6
2 年	一 1			丅 2	3
3 年	下 3			止 4	7
4 年		丅 2	下 3	一 1	6
5 年	一 1	一 1		一 1	3
6 年	丅 2		一 1	丅 2	5
合 計	7	5	5	13	30

・けがをしたのは３年生が一番多い
・けがをした場所は運動場が一番多い
・２年生，３年生はろうか，体育館ではけがをしていない　など

2 けがの場所と種類

種類＼場所	教室	ろうか	体育館	運動場	合計
すりきず	下 3	丅 2	丅 2	正一 6	13
だぼく	一 1	一 1	丅 2	丅 2	6
つき指	一 1		一 1	丅 2	4
切りきず	丅 2	一 1			3
ねんざ				丅 2	2
鼻　血		一 1		一 1	2
合 計	7	5	5	13	30

・運動場でのすりきずが一番多い
・運動場のけがが多い
・すりきずが多いなど

〔P. 92〕

1 ㋐ $100-30-50=\boxed{20}$　20円
　㋑ $100-(30+50)=\boxed{20}$　20円

2 ① 7　② 23　③ 22　④ 2

〔P. 93〕

1 ㋐ $5\times9=\boxed{45}$
　㋑ $47-5\times9=\boxed{2}$　2こ

2 ㋐ $800\div10=\boxed{80}$
　㋑ $110+800\div10=\boxed{190}$　190円

3 ① 320　② 21

〔P. 94〕

① $2.5\times3+1.5\times3=7.5+4.5=12$
　$12cm^2$

② $(2.5\times1.5)\times3=4\times3=12$　$12cm^2$

〔P. 95〕

1 392

2 ① $95\times6=(100-5)\times6$
　$=600-30$
　$=570$

② $208\times5=(200+8)\times5$
　$=1000+40$
　$=1040$

③ $225\times4=(200+25)\times4$
　$=800+100$
　$=900$

〔P. 96〕

1 ① $100+259=359$
　② $363+100=463$

2 ① $7\times100=700$
　② $16\times100=1600$
　③ $100\times6=600$
　④ $9\times100=900$

〔P. 97〕

① 5.2　② 9.6　③ 7.2

〔P. 98〕

① 6　② 6　③ 9
④ 3　⑤ 2　⑥ 1

〔P. 99〕

① 29.7　② 88.2　③ 30
④ 75.9　⑤ 112　⑥ 546
⑦ 1640.8　⑧ 2270.1

〔P. 100〕

① 2.3
② 1.3　③ 3.2　④ 4.3

〔P. 101〕

① 0.9　② 0.4　③ 0.4
④ 0.6　⑤ 0.4　⑥ 0.7　⑦ 0.6

〔P. 102〕

① 4.4あまり0.1
② 1.8あまり0.1　③ 1.3あまり0.4
④ 1.8あまり0.1　⑤ 1.4あまり0.2

〔P. 103〕

① 2.4あまり0.4　② 3.5あまり0.6
③ 1.8あまり0.9　④ 1.3あまり2.8
⑤ 0.7あまり1.1　⑥ 0.7あまり5.5

〔P. 104〕

① 0.6　② 0.5　③ 0.5
④ 2.5　⑤ 1.5　⑥ 1.4
⑦ 0.25　⑧ 3.5　⑨ 4.25

〔P. 105〕

1 ア，ウ，エ，オ
2 ①　②

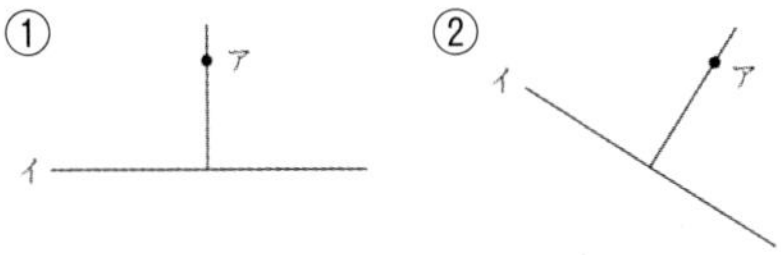

〔P. 106〕

1 （アとウ），（イとオ）
2 ①　②

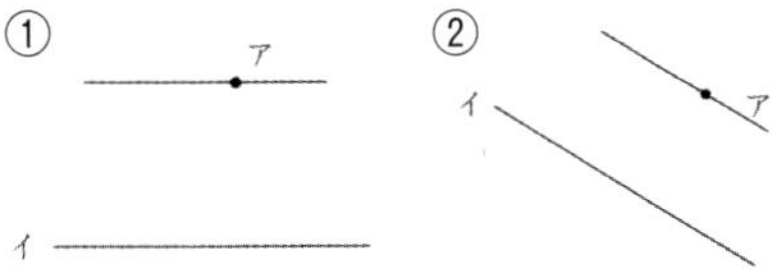

〔P. 107〕

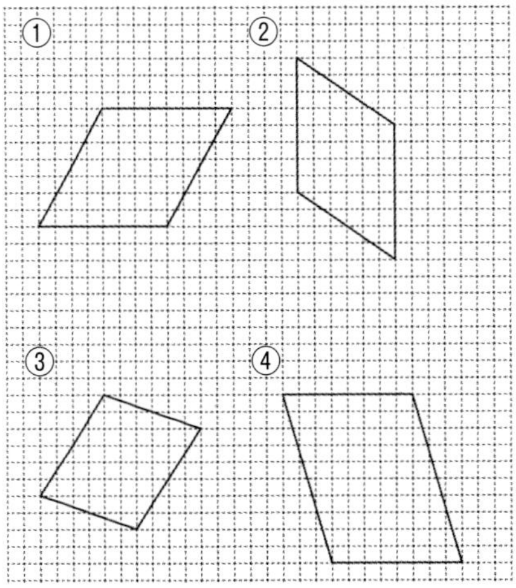

〔P. 108〕

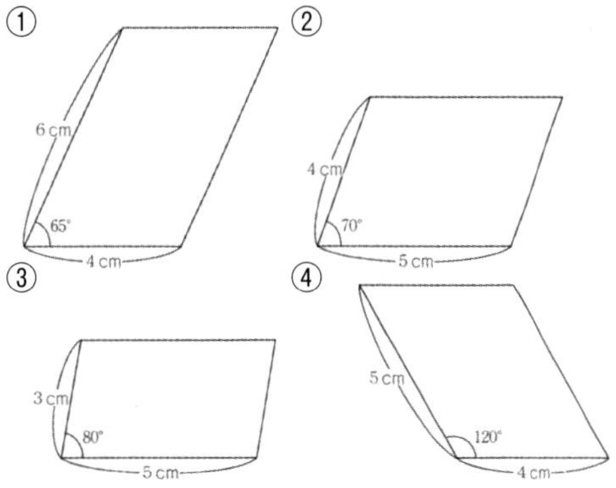

〔P. 109〕

1 ①　②

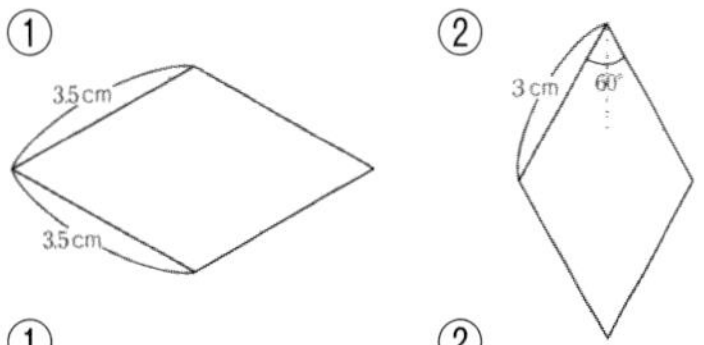

2 ①　②

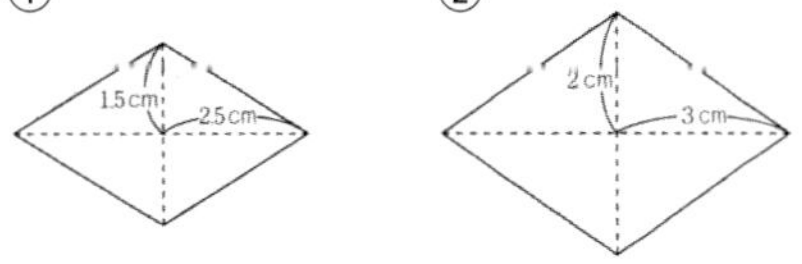

〔P. 110〕

1

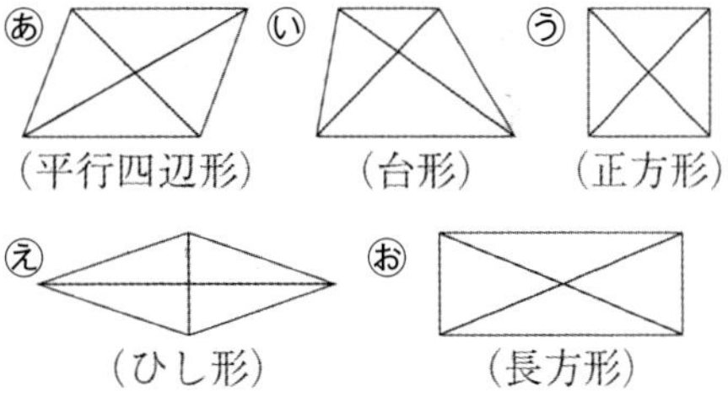

2 ① う，お
② う，え
③ あ，う，え，お
④ い

〔P. 111〕

1

	面の数	辺の数	ちょう点の数
直方体	6	12	8
立方体	6	12	8

2 辺アの長さ　4cm
辺イの長さ　6cm
辺ウの長さ　2cm

〔P. 112〕

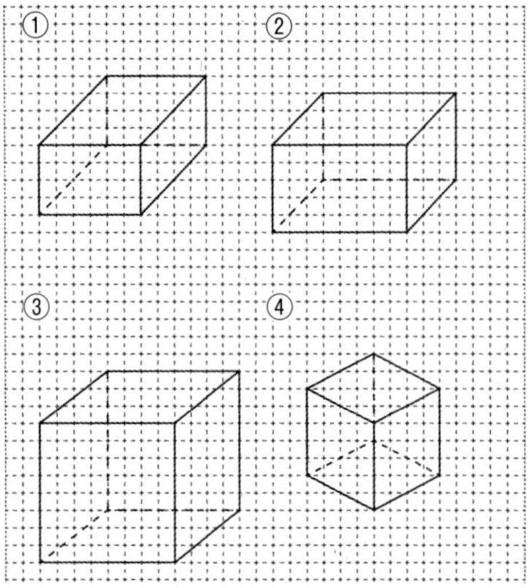

〔P. 113〕

1

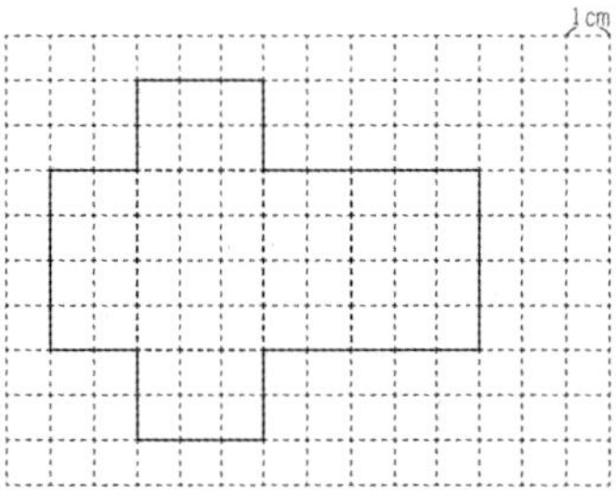

2 ㋐，㋑，㋓

〔P. 114〕

※各問題は順不同（辺アカは，辺カアと同じように順番の入れかわりは可）

1 ① 辺アカ，辺アエ，辺イキ，辺イウ
② 辺アエ，辺アイ，辺カケ，辺カキ

2 ① 辺カキ，辺エウ，辺ケク
② 辺イキ，辺ウク，辺エケ
③ 辺アエ，辺カケ，辺キク

〔P. 115〕

※各問題は順不同（辺アカは，辺カアと同じように順番の入れかわりは可）

1 辺イキ，辺アカ，辺エケ，辺ウク

2 面イキクウ，面アカキイ
面アカケエ，面エケクウ

3 ① 面エケクウ　② 面アカケエ

〔P. 116〕

1 ① ㋔，㋖，㋗
② ㋑，㋓，㋘，㋙

2 ① 面㋐，面㋑，面㋓，面㋕
② 面㋔

〔P. 117〕

① 横3m　たて2m
② 横3m　たて2m　高さ1m

〔P. 118〕

1 ちょう点イ
横5m　たて0m　高さ0m
ちょう点ウ
横5m　たて3m　高さ2m
ちょう点エ
横0m　たて3m　高さ2m

2 横2m　たて1.7m　高さ2.1m